中央高校基本科研业务费专项资金资助（202

集体主义
及其时代价值研究

牛珊珊◎著

图书在版编目（CIP）数据

集体主义及其时代价值研究 / 牛珊珊著. -- 成都 : 四川大学出版社, 2024.6
（卓越学术文库）
ISBN 978-7-5690-6783-5

Ⅰ. ①集… Ⅱ. ①牛… Ⅲ. ①集体主义一研究 Ⅳ. ① B822.2

中国国家版本馆 CIP 数据核字 (2024) 第 078226 号

书　　名：集体主义及其时代价值研究
　　　　　Jiti Zhuyi ji Qi Shidai Jiazhi Yanjiu
著　　者：牛珊珊
丛 书 名：卓越学术文库

丛书策划：蒋姗姗　李波翔
选题策划：蒋姗姗　李波翔
责任编辑：王　静
责任校对：毛张琳
装帧设计：墨创文化
责任印制：李金兰

出版发行：四川大学出版社有限责任公司
　　　　　地址：成都市一环路南一段 24 号（610065）
　　　　　电话：（028）85408311（发行部）、85400276（总编室）
　　　　　电子邮箱：scupress@vip.163.com
　　　　　网址：https://press.scu.edu.cn
印前制作：成都墨之创文化传播有限公司
印刷装订：四川煤田地质制图印务有限责任公司

成品尺寸：170mm×240mm
印　　张：9.25
字　　数：168 千字

版　　次：2024 年 11 月 第 1 版
印　　次：2024 年 11 月 第 1 次印刷
定　　价：68.00 元

扫码获取数字资源

四川大学出版社
微信公众号

前言

一、选题的背景和意义

本书以“集体主义及其时代价值研究”为题，其核心内容是围绕“集体主义”这一研究对象展开的。选择这一课题进行研究的初衷主要是以下两方面：一方面是巩固集体主义价值观的重要性，重塑并弘扬集体主义的必要性，旨在凸显集体主义在新时代的价值和作用；另一方面是人类命运共同体理念丰富和发展了集体主义的内涵，赋予了集体主义多样性意义。集体主义是一个在继续推进社会主义建设和实现社会主义现代化的过程中不可忽视的问题。目前，将集体主义置于人类命运共同体的视域下，将实现中华民族伟大复兴，实现中国式现代化及推进全球生态治理和国际合作等重大战略结合起来研究的成果并不是很丰富，因此这一课题既有重要的研究价值，也有可供拓展的空间和余地。

集体主义是调节个人利益与集体利益的基本原则。集体主义以人民的利益作为根本出发点，是无产阶级的世界观和价值观的一部分。集体主义不仅作为共产主义道德的核心发挥着思想道德规范作用，而且作为社会主义精神文明的一个重要标志发挥着精神导向作用。集体主义与资产阶级的个人主义，截然不同且相互对立，它摆脱了以往一切旧道德的阶级束缚，真正为全体人民的利益服务，这是它作为共产主义道德的本质特征。社会主义核心价值观提出了“三个倡导”[①]，它比较全面地概括了社会主义核心价值观的要义和宗旨。在社会主义国家，国家、集体和个人三者之间的利益，早已不存在不可调和的矛盾，而是在根本上具有一致性。国家利益和集体利益的实现，离不开千千万万普通劳动者的共同努力，而个人利益的实现和维护同样离不开国家和集体所提供的物质基础和精神支持，因此，在个人与集体、国家之间始终存在着相互依存、不

① 中共十八大报告强调指出：“倡导富强、民主、文明、和谐，倡导自由、平等、公正、法治，倡导爱国、敬业、诚信、友善，积极培育和践行社会主义核心价值观”（胡锦涛：《坚定不移沿着中国特色社会主义道路前进　为全面建成小康社会而奋斗——在中国共产党第十八次全国代表大会上的报告（2012 年 11 月 8 日）》，《人民日报》，2012 年 11 月 8 日，第 001 版）。

可割裂的密切关联。坚持集体主义原则与承认和维护个人的正当利益是完全不冲突的，因为片面追求国家和集体利益的实现而忽视个人利益与个人发展，或者因谋求个人私利而不惜破坏牺牲国家和集体的利益，都属于极端行为，具有非常严重的危害性。社会主义的价值观理应大力提倡集体主义且理论要随着实践的发展与时俱进，才能始终保持其先进性和科学性。检验一种价值观是否先进和科学的标准，就看其是否在坚定维护并促进国家利益和集体利益发展的同时，能够真正为全体人民服好务、谋好利，全面促进个人的发展和各项权益的实现。

百年未有之大变局之下，世界各国之间联系更加密切的同时竞争也更加激烈，因此我们如何把握大变局为中华民族伟大复兴提供的机遇和条件，而同时又能抵御潜在的各种风险和挑战，就显得尤为重要。中国与世界的关系处在动态变化之中，我们要站在更长远的时间尺度下，以更加宏阔的视角去看待中国与世界的关系。中国人民以自力更生和艰苦奋斗开启了中国的现代化之路并取得了令世界瞩目的发展成就，而实现第二个百年目标依然要靠党和人民对自力更生和独立自主的坚守，以前所未有的奋斗热情，鼓足干劲推进人类文明的新形态。中国的发展既充满自信又立足于实际，社会主义初级阶段的基本国情没有改变，作为最大的发展中国家的国际地位也没有改变，我们实现伟大复兴的任务还十分艰巨。因此，我们更应该坚持并弘扬集体主义，将国家、社会的整体利益与个人利益充分有效地结合在一起，以实现高质量发展，推动共同富裕和精神富足，实现人与自然的和谐共生。

大力弘扬集体主义的首要任务就是全面挖掘集体主义的重要价值。弘扬集体主义，于国于家于个人都是十分有益的。从宏观上看，它不仅利于巩固马克思主义在意识形态领域的指导地位，继承并弘扬我国的优秀传统文化，保障经济平稳健康发展，维护社会和谐及增强民族凝聚力；同时能够充分调动个人的积极性和能动性，有效地维护个人利益，促进人的自由而全面发展。集体主义能够整合公共资源，更好地维护公共利益，充分增强社会管理和规范秩序的功能。中华民族在实现共同理想的过程中，需要社会主义核心价值观发挥引领作用。在集体主义的指导下，公共利益与个人利益能够实现更充分的和谐统一。所以，以丰富集体主义的内涵为基础来巩固集体主义的地位，弘扬集体主义的时代价值，具有重要意义。

当今世界的任何国家和社会都存在着不同的发展难题，整个人类社会更是面临着相当严峻的生态危机，这些共同的挑战绝非任何个人能够应对的，需要全世界人民共同攻坚克难，这就是集体团结合作的力量。越是先进的社会制度，就越倡导为人民服务。集体主义思想存在已久，在我国有着极为深厚的理论基础和悠久的历史渊源。我国建立起社会主义制度后，为集体主义思想的实施提供了现实条件，并且在一定时期内集体主义对我国整个国民经济的恢复与发展、国家的统一完整及人民的凝聚团结等都发挥了相当重要的作用。传统集体主义的强大凝聚力使中国在较短的时期内就取得了一系列伟大成就。近年来，集体主义遭受到了来自西方价值观和各种社会思潮的挑战，这些挑战主要来自利益主体的多元化，社会自身深刻变革，西方意识形态和文化渗透以及网络与数字新媒体①的普及等带来的巨大压力。这为我们的研究工作提出了新的挑战，如何在新时代客观地看待集体主义的历史与现状，如何科学地界定集体主义的内涵及外延，如何结合时代的需求将集体主义继续丰富和发展，如何采取积极有效的途径弘扬集体主义已成为迫在眉睫的重要任务。

二、文献综述及研究现状

集体主义研究在近年来呈现逐步增多的趋势，受到了越来越多的关注。随着社会主义市场经济的深入发展，党和国家对文化繁荣和社会和谐愈加重视，尤其在社会主义核心价值体系提出以后，众多学者又开始重新研究集体主义这一课题。学者的关注点主要集中在集体主义的内涵、社会主义市场经济与集体主义的兼容性、社会主义核心价值观与集体主义之间的关系、集体主义与中国传统文化的契合性等多个方面。很多不同领域和学科的国内外学者都开始关注这个时代课题，涌现了诸多学术成果。

（一）国外集体主义思想研究现状

集体主义与个人主义在世界上相互对立、相互竞争且长期并存。集体主义思想不仅在以中国为代表的东方世界广泛存在着，而且在西方社会也有非常悠久的历史。国外学者对集体主义的研究主要集中在政治学、经济学和心理学等

① 网络与数字新媒体是一种在新技术的支撑体系下出现的全新的媒体形态，如数字杂志、数字报纸、数字广播、手机短信、移动电视、桌面视窗、数字电视、数字电影、触摸媒体等。相对于报纸、杂志、广播、电视四大传统意义上的媒体，新媒体被称为“第五媒体”，它具备传统媒体所没有的许多优势，在现代社会应用非常广泛。

方面，在研究内容上侧重于把集体主义与文化特征结合起来；在研究范式上，把集体主义和个人主义作为一对范畴进行了对比研究。通过对许多国外文献和著作的梳理和概括，可以大致将国外集体主义研究归纳为两个层面和四个领域。

第一个层面是从方法论角度进行研究，其焦点集中在集体主义和个人主义这两种方法论之间的对比和较量。方法论研究是国外对集体主义研究的重要内容，代表人物有马尔科姆·卢瑟福和哈耶克。马尔科姆·卢瑟福从三个层面诠释了“方法论整体主义”[①]的含义，他的定义不仅对方法论整体主义的本质进行了细致的阐释，而且强调了必须从整体入手来研究社会现象的方法。作为自由主义经济学家代表的哈耶克并不赞同马尔科姆·卢瑟福的观点。[②]但值得注意的是，无论是持赞同观点还是持否定观点，他们都避免不了使用方法论整体主义。由此可知，方法论整体主义的影响范围之广，程度之深。

第二个层面是从不同学科领域的角度展开的，包括政治学、经济学、心理学及文化研究等多个方面。集体主义是一个多学科交叉的研究课题，所以各个学科都对集体主义的发展做出了重要贡献。首先，在政治学领域的杰出代表是英国政治哲学家奥克肖特，他简明扼要地梳理了欧洲的“宗教观”集体主义、“生产力论”集体主义及“分配论”集体主义这些主要的集体主义政治观点。[③]他对欧洲的三种主要的道德及与其相适应的政治模式进行了归纳与总结，分别是共同体道德、个人主义道德、集体主义道德，并说明近代欧洲的道德体系是由这三种道德所组成的复合物。这一观点似乎也验证了由心理学得出的结论，那就是个人主义与集体主义总是并存的且共同发挥着影响和作用。即使在当代，政治哲学中的新自由主义和社群（共同体）主义的论争，也没有脱离集体主义的论域。桑德尔曾把政治哲学之争归结为“一些人重视个人自由（权）的

① 卢瑟福认为方法论集体主义：“社会整体大于部分之和；社会整体显著地影响和制约其部分的行为或功能；个人的行为应该从自成一体并使用于作为整体的社会系统的宏观或社会的法律、目的或力量演绎而来，从个人在整体当中的地位（或作用）演绎而来。”（M. 卢瑟福：《经济学中的制度：老制度经济学和新制度经济学》，陈建波、郁仲莉译，中国社会科学出版社，1999 年，第 33 ~ 34 页）。

② 哈耶克尖锐地批评卢瑟福并指出，集体主义“谎称它们有能力直接把类似于社会这样的社会整体理解成自成一类的实体……这类实体乃是独立于构成它们的个人而存在的”。（哈耶克：《个人主义与经济秩序》，邓正来编译，上海复旦大学出版社，2012 年，第 6 ~ 7 页）。

③ 转引自杜鸿林、赵壮道：《国内外集体主义思想研究综述》，《道德与文明》，2011 年第 3 期，第 147 页。

价值，而另一些人则认为，共同体的价值或大多数人的意志永远应该占压倒地位”[①]。我们不难发现，政治哲学领域的集体主义观对指导集体主义研究具有重要的借鉴意义。其次，在经济学领域，论争集中在对社会主义经济体制的批判和责难上。哈耶克对计划经济体制持严厉的批判态度，他认为：“集体主义类型的经济计划必定要与法治背道而驰。”[②]这表明哈耶克错误地将集体主义与法西斯主义等同了。再次，心理学领域的专家 Harry C. Triandis（1995）也给出了集体主义的文化定义，他还综合各家意见，分别从个人目标与集体目标孰轻孰重、个人主义自我感与集体主义自我感的区别、个人态度与角色规则谁对人的行为起决定作用、人们维持社会关系的目的这四个方面权威地划清了集体主义与个人主义的界限。[③]我们从心理学的研究中可以得知：集体主义可以存在于不同的文化背景中，不同国家、民族和地区中，而且在同一个体身上也可能出现集体主义和个人主义两种相反的价值取向并存的情况，这对我们的研究有很大的借鉴价值。最后，国外学者非常注重将集体主义与文化结合起来进行研究，跨文化研究也很多。部分学者对不同国家和地区进行了跨文化比较，典型的是对中美、中日的对比研究。中国人和美国人分别是集体主义和个人主义的代表，中国人较多地强调自我控制、社会秩序和社会责任，美国人较多地强调个人的自由、独立和个性。这一情况反映在文化上就是集体主义文化与个人主义文化的区别，还有学者在此基础上，继续讨论了相关的文化现象和行为模式及这两种文化对教育造成的不同影响。

（二）国内集体主义思想研究现状

国内对集体主义的研究所涉及的范围也是相当广泛的，主要集中从政治学、伦理学和经济学角度出发，近年来也有不少学者开始重点关注从文化视角对集体主义进行研究。总体来看，国内学者对集体主义的研究可以从四个方面去把握。

---

① 桑德尔：《自由主义与正义的局限》，万俊人、唐文明、张之锋等译，译林出版社，2001 年，第 2 页。

② 哈耶克：《通往奴役之路》，王明毅等译，中国社会科学出版社，1997 年，第 74 页。

③ 集体主义是一种由关系密切的人们组成的社会模式，这些关系密切的人把自己看作是一个或者一个以上集体的组成部分。集体主义的个人目标要服从集体目标，赞成集体规定的义务。集体主义可以是一个部落，一个国家，一个种族，一个家庭或者一个工作团体（Harry C. Triandis，*Individulism And Collectivism*，Westview Press，1995，P128，此部分为笔者翻译）。

其一，国内学界对集体主义的研究可大致分为两个时间阶段。第一阶段：从 20 世纪 50 年代到改革开放初，研究主要集中在宣传和教育学领域。国内学者在这一时期对集体主义的认识分歧不大，集体主义被认为是一种强调个人为集体贡献力量的优秀品德。集体主义教育，尤其针对年轻人的教育非常受重视，注重阶级性是这一阶段的鲜明特点，几乎不存在多少争议，涌现的作品并不是很丰富，在 1950—1989 年，以集体主义为主题的文章总共只有五百多篇。第二阶段：20 世纪 90 年代至今，传统集体主义面临挑战。研究重心由此开始转向了一些具体的现实问题，此后有大量的研究成果逐渐涌现。自 1990 年算起至 2014 年末止，平均每年都有三四百篇文章问世，研究著作相对于文章少一些，但在数量上均呈上升趋势。[①] 这从一个侧面说明了集体主义日渐成为我国社会关注的热点问题。

其二，国内学者主要从政治伦理、经济制度和价值原则等方面对集体主义进行了探索。首先，钱宁从政治伦理的角度阐述了集体主义，认为"社会福利从本质上讲，是以集体主义为价值取向的人类事业，它必须遵循社会正义的原则，才有可能成为促进社会进步和人的幸福的事业"[②]。王秀华、程瑞山认为毛泽东的集体主义政治伦理包括"为人民服务"和"民主集中制"两个方面。其次，在经济制度方面，王岩认为整合并超越中西方两种不同的传统价值观十分必要，并进一步指出了在社会主义市场经济条件下的新型集体主义。[③] 他立足于社会主义市场经济这一要点进行了深入浅出的研究，对集体主义的历史沿革、现状、困境、出路都做了比较全面而深刻的理论探讨，并言简意赅地对集体主义的内涵加以归纳提炼。此外，林炎志认为集体资本不仅是理论创新的关键，而且是区别市场经济是否具有社会主义性质的基本点。

其三，从集体主义研究的具体内容上看，主要集中在以下几个方面：个人与集体的辩证关系研究，对传统集体主义的反思以及新型集体主义内涵的研

---

① 研究著作主要有赵玉如：《集体教育》，教育科学出版社，1999 年；陈玲丽：《个体主义—集体主义的结构及跨文化研究》，中国科学出版社，2013 年。

② 钱宁：《社会正义、公民权利和集体主义：论社会福利的政治与道德基础》，社会科学文献出版社，2007 年，第 115 页。

③ 王岩认为集体主义是"以个人与集体利益关系为轴心，以互利互惠为前提，以公正或公平为杠杆，以功利原则为动力，以奉献精神为导向，以竞争务实为实现手段，以共同富裕为现实追求……"（王岩：《整合·超越：市场经济视域中的集体主义》，中国人民大学出版社，2004 年，第 203 页）。

究，马克思主义集体主义的研究，中国传统伦理文化与集体主义的契合研究，社会主义市场经济与集体主义的相容性研究等。

第一，个人与集体的辩证关系研究。多年来，围绕这一问题学者之间纷争不断，其焦点聚集于国家和社会的价值主体，究竟是个人本位，还是集体本位？个人本位论者坚持认为人是个性的存在，是实实在在的，而集体是一种共性的存在，是虚幻的，它最终都要还原为实实在在的个人。因此，个人才是真正的主体，只有个人才是一切行动的最终目的。个人本位论者认为集体主义不会增进个人的利益和发展，只会压抑人的个性或束缚人的思想。这种极端个人主义观念严重脱离了现实的社会关系，有悖于现代文明的发展要求。与之相比，集体本位论者力求符合社会主义的性质和发展要求。倡导集体主义的学者在个人与集体的关系问题上基本意见是一致的，都认为个人与集体是不可分割的，个人与集体互为手段与目的，个人利益和集体利益是辩证统一的。集体主义并非只重视集体利益，它也强调社会和集体有义务关心个人的正当利益和个人的全面发展。但是，在二者产生矛盾时，应该以大局为重，以集体利益为先；罗国杰对社会主义集体主义的道德原则进行了系统的表述："我认为，对集体主义的界定，应强调三个方面，即集体利益高于个人利益；在集体利益高于个人利益的原则下，切实保障个人的正当利益，促进个人价值的实现；集体主义强调个人利益与集体利益的辩证统一。"①

第二，对传统集体主义的反思以及新型集体主义内涵的研究。刘天喜对传统集体主义持否定态度，他认为传统集体主义不科学，且与现代中国社会的发展现实不适应，是狭隘、封闭、片面的集体主义。②纵然传统集体主义有诸多弊端，但这样的评价未免太过绝对。徐永平在他的文章中也对传统集体主义进行了批判，指出了国家主义的价值取向。③传统集体主义的局限性应引起正视，但也不能全盘否定其合理价值，它的产生具有客观必然性和现实合理性，并且成

---

① 罗国杰：《罗国杰自选集》，中国人民大学出版社，2007 年，序言第 6 页。

② 刘天喜：《经济转型与集体主义观念的发展》，《广西社会科学》，2004 年，第 11 期，第 22～23 页。

③ 徐永平认为传统集体主义是指计划经济条件下形成和倡导的集体主义，这种集体主义形式上倡导国家、集体和个人的利益兼顾，但本质上遵循以国家利益绝对至上为前提的国家主义价值取向（徐永平：《社会集体主义初探》，《内蒙古民族大学学报（社会科学版）》，2009 年，第 35 卷第 4 期，第 83 页）。

为当时人们的价值信念和道德行为的准则。因此，我们提倡集体主义需要与时俱进，不断拓展其新的内涵以适应现实社会发展的需要。伍万云认为集体主义的内涵在当代已渗透在核心价值体系之中，共同理想为其奠定了实现的基础，为其提供了动力支撑，社会主义荣辱观为其提供了道德保障。邵士庆强调“集体主义内涵要具有自己鲜明的特质和基本‘硬核’，力求避免把集体主义弄成包罗万象的概念皮囊。坚决反对把一些不伦不类的范畴和价值体系随意地塞进集体主义的草率做法……”①

第三，马克思主义集体主义的研究。学者对马克思主义集体主义研究的主要目的是通过对集体主义的发展历史沿革的追溯，探究集体主义的理论基础，以求更准确、更全面地归纳概括集体主义在新时代的内涵和价值。就目前来看，对马克思主义集体主义的研究大致可以分为两个方面。

第一方面是研究马克思主义经典作家的文本。特别值得注意的是，从总体上看，对马克思、恩格斯、列宁等经典作家的著作中提及集体主义或与之相关的论述的研究，目前相对较少，较集中的研究是马克思和恩格斯对“集体与自由”的论述及对“真实的集体”和“虚幻的集体”的探讨。②马克思曾指出：“只有在共同体中，个人才能获得全面发展其才能的手段，也就是说，只有在共同体中才可能有个人自由。”③马克思在揭示人的本质时曾说：“人的本质不是单个人所固有的抽象物，在其现实性上，它是一切社会关系的总和。”④即是说，人只有在社会中才能被赋予人的意义，才能获得人的本质属性，而与动物区别开来。社会恰好是由一个个不同层次、千差万别的集体所构成的，如果把整个社会比作一张大网，那么我们每个人就是大网上密切联系着的小结点，任何人都不能离开社会孤立地存在。那么，到底什么才是真实的集体主义呢？马

---

① 邵士庆：《当代集体主义内涵的厘定》，《玉溪师范学院学报》，2006 年，第 22 卷第 5 期，第 21 页。

② 在马克思、恩格斯的语境中，集体指代的就是真实的集体，他们先后用“冒充的集体”“虚构的集体”“虚幻的集体”来表述“虚假集体”，身在其中的个人并不是独立的、自由的个人，只是由于他们在自身所处的阶级条件下才隶属于这样一种共同体。中共中央马克思恩格斯列宁斯大林著作编译局编译：《马克思恩格斯选集（第一卷）》，人民出版社，2012 年，第 164 页。

③ 中共中央马克思恩格斯列宁斯大林著作编译局编译：《马克思恩格斯选集（第一卷）》，人民出版社，2012 年，第 199 页。

④ 中共中央马克思恩格斯列宁斯大林著作编译局编译：《马克思恩格斯选集（第一卷）》，人民出版社，2012 年，第 139 页。

克思和恩格斯认为假设剥削阶级群体也可以称为集体，那它必然就是虚幻的集体，那么在此基础上形成的以剥削阶级私利为基础的阶级利己主义，也必然是一种虚幻的集体主义。由此可知，真正的集体主义必须以马克思所说的真实的集体为前提，也即是“自由人联合体”[①]。区分和辨别集体究竟是“虚假的”还是“真实的”，关键在于个人能否在集体中获得独立和自由。只有到共产主义高级阶段才能真正实现真实集体，就目前而言仍属于一种美好的远大理想。但是，我们也要看到，即使现阶段不能立刻实现真正意义上的高级阶段的集体主义，并不妨碍我们朝着真正的集体主义方向不断迈进。

第二方面，研究我国历届领导人的集体主义思想。这方面比较集中的是研究毛泽东、邓小平等最具代表性的集体主义思想。樊石虎、何健强在阐释毛泽东的集体主义思想时提到了一个重要的观点，他们认为毛泽东思想是以集体主义为出发点而展开的，集体主义对毛泽东思想的发展有重要影响。此外，他们认为毛泽东理解的集体主义的本质内涵就是为人民服务，只有把人民放在首位，为全体人民服务才是集体主义的真谛。[②]程广丽在研究毛泽东的集体主义思想时，特别指出毛泽东认为个人是集体的一分子，重视个人利益实现的思想。[③]毛泽东的集体主义思想不只关注集体利益，对个人利益的重视也是反复强调的。熊光清认为邓小平的集体主义思想特点鲜明，时代感和现实感十分强烈。他不仅兼顾了个人利益与集体利益，而且提倡精神鼓励与物质利益并重，协调统一长远目标与具体途径。[④]江泽民、胡锦涛、习近平等领导人也强调弘扬集体主义。

第四，中国传统伦理文化与集体主义的契合研究。荀子说“人生不能无群”，“水火有气而无生，草木有生而无知，禽兽有知而无义，人有气、有

① 马克思、恩格斯在《共产党宣言》阐明了“真实集体”就是“自由人联合体”的思想，他们认为每个人在这一联合体中都是独立自由的个体，“每个人的自由发展是一切人的自由发展的条件”（中共中央马克思恩格斯列宁斯大林著作编译局编译：《马克思恩格斯选集（第一卷）》，人民出版社，2012 年，第 422 页）。

② 樊石虎、何健强：《试论毛泽东的集体主义思想》，《华北电力大学学报（社会科学版）》，2001 年第 3 期，第 8 页。

③ 程广丽：《“新集体主义”对“个人”与“集体”关系的诠释》，《山东理工大学学报（社会科学版）》，2003 年第 6 期，第 55 页。

④ 熊光清：《论邓小平集体主义思想的特点》，《胜利油田党校学报》，2002 年第 5 期，第 21 页。

生、有知，亦且有义，故最为天下贵也。力不若牛，走不若马，而牛马为用，何也？曰：人能群，彼不能群也。”[①]可见，人不仅时时刻刻都处于集体之中，并且隶属于多重关系的集体。离开了集体，人不仅不能生存，而且脱离了社会属性就意味着人将不能成为人。可见，中国人基本的价值追求始终受着集体主义的主导。回顾历史，中华民族的兴盛壮大与中华文化的灿烂繁荣都与集体主义思想密不可分。着眼当下，中国经过改革开放在短时期内实现了飞速发展，同样离不开人们对集体主义的深切认同，对社会主义事业的大力支持。学者对于集体主义与中国传统伦理文化紧密契合的观点持赞同态度，他们认为集体主义理应成为现代中国社会主义制度继续倡导和坚持的主流价值观。

第五，社会主义市场经济与集体主义的相容性研究。有学者认为社会主义市场经济必须通过市场对要素和资源进行配置，再通过市场竞争机制实现经济的社会化循环。而这一切必然要求有与之相配套的公平正义的竞争机制和良好完善的市场秩序。市场首先就是因为客观上利他才可能存在，人们之间则要在谋求个人利益的同时，具备社会化整体利益观念及社会均衡协调、协作精神，这正是集体主义观念的生动体现。另外，由社会主义计划经济过渡到社会主义市场经济后，人们的社会关系也相应地实现了从制度性身份关系向社会性契约关系的转变。人们开始重视社会共建和利益共享，及与之匹配的开放、互利、包容、和谐的价值诉求。因此，社会主义市场经济本身就孕育并滋养着集体主义思想，不存在不可兼容的问题。特别需要强调两点：一是在现阶段不可否认社会主义市场经济的快速发展对集体主义观念造成了相当强烈的冲击，如何应对挑战是一项艰巨的任务；二是集体主义不是抽象的概念，它内涵丰富但不意味着可以将其随意扩展，要警惕个别人将小团体主义、集团主义和地方主义等与集体主义的概念相混淆。

其四，对集体主义的价值研究主要集中几个方面：规制社会主义方向、调节经济发展、推动民主政治进程、构建和谐社会等。首先，规制社会主义方向，“任何社会都是一种道德秩序”[②]。人对制度的选择，不可避免地会受文化传统和文化基因的影响。其次，调节经济发展，因为人的欲望总是无穷的，

---

① 《荀子》，方勇、李波译注，中华书局，2015 年，第 127 页。

② 丹尼尔·贝尔：《资本主义文化矛盾》，赵一凡、蒲隆、任晓晋译，生活·读书·新知三联书店，1989 年，第 309 页。

任由个人主义无限膨胀的结果就是经济的崩溃。弘扬集体主义的道德原则可以消弭个人主义的无限膨胀。因此，为了避免因集体主义的缺位而直接或间接地造成市场秩序的破坏，需要集体主义作为关键因素发挥其重要作用。再次，推动民主政治进程。根据马克思关于真实集体的判断标准，现阶段的各类集体还存在部分私利，因而还存在部分虚幻的性质，这种虚幻之所以会存在，与民主制度不完善和管理渠道不畅通有着密切的关系。集体主义有助于加速政治民主化进程，对于解决好私人利益与公共利益的冲突也有重要作用。最后，构建和谐社会。集体主义有助于促进社会和谐和实现公平正义，社会主义和谐社会本身就包含着社会公平正义的价值理念，以实现全社会的共建共享为发展目标。实现社会公平正义与集体主义的价值诉求是一致的，和谐社会的建设离不开对集体主义的价值认同。构建和谐稳定安全有序的社会，应坚决维护社会公平正义，始终坚持集体主义的价值导向。

三、研究思路和方法

本书以集体主义为核心内容，从集体主义词源入手，严格区别集体主义与集权主义、个人主义的不同内涵，在阐释集体主义的理论基础之上，对传统集体主义予以剖析和反思，强调在新时代集体主义要与时俱进，仍需大力弘扬集体主义的时代价值，并在此基础上提出正确弘扬集体主义的有效途径。本书主要运用的研究方法包括历史文献研究法、逻辑和历史相一致的方法、系统分析法、理论联系实际的方法等。

第一，历史文献研究法。文献研究法主要指通过搜集文献、鉴别资料、整理文献等过程，在此基础上对文献进行深入研究，形成对事实的科学认识的一种方法。本书立足于集体主义的基本理论，利用文献研究法对涉及集体主义的著作和论文进行广泛搜集。著作类主要包括马克思主义经典著作、党的文献及国内外学者的学术研究著作，论文类主要包括在中国期刊网以“集体主义”为题名的检索论文及博士学位论文。通过对这些文献的梳理、分析形成对集体主义及其时代价值的科学认识和整体把握，一方面有助于了解国内外研究现状，另一方面为本书的写作提供了可供借鉴的资料。

第二，逻辑与历史相统一的方法。此方法是研究事物发展规律的唯物辩证思维方法之一。这一方法要求我们在形成对事物的认识过程中，把对事物历史过程的考察与对事物内部逻辑的分析统一起来。逻辑的分析应在全面考察历史的基础上展开，同时历史的考察也离不开以逻辑分析为基础。将二者有机地结合起来，才能达到客观、全面地揭示事物的本质及其规律的目的。集体主义的产生、发展具有历史必然性，是客观存在的历史进程，在这个过程中考察集体主义就必须将整个研究逻辑置于历史之中，也就是说，随着历史的变化，集体主义的内涵和外延、面临的问题及针对这些问题而提出的对策都会有所不同。

第三，系统分析法。系统分析法是指把要解决的问题作为一个系统，而不是一个孤立的研究课题。对各个系统要素进行综合分析，进一步探索解决问题的可行方案。同理，我们不可孤立地研究集体主义，应该把它视为一个不断发展的动态系统进行考察。集体主义不仅存在于社会主义国家，在以个人主义为主的西方国家同样存在。针对集体主义在当代面临的各种挑战，也需要进行系统的综合的分析，它形成的原因必然是复杂的且相互交叉的，所以必须将集体主义作为一个整体进行研究，才能找到应对各种挑战的科学策略。

第四，理论联系实际的方法。这是马克思主义最基本的原则，它的基本精神是达到主客观、知与行的具体的历史的统一。马克思曾经说过："哲学家们只是用不同的方式解释世界，而问题在于改变世界。"[①]理论研究的目的不只是对研究的问题做出学术上解释，更重要的是它的应用价值，若不能将研究成果应用于实践，那么脱离实践的理论也只能是空洞的堆砌和说教，没有真正的学术价值。研究集体主义首先是为了廓清集体主义与集权主义、个人主义的区别，其次是为了界定集体主义的合理的使用边界，最后的目标还是要归于实际应用，就是要在新时代通过科学的恰当的途径正确地弘扬集体主义。

四、研究重点、难点与创新之处

本书以"集体主义及其时代价值研究"为题，最为关键的就是要搞清楚集体主义的内涵是什么及它在新时代值得大力弘扬的价值究竟在哪里？阐释"集体主义"既是本书的重点，又是本书的难点。首先，各学科关于集体主义的争论与分歧仍旧存在，那么如何在集各家之智慧的基础上，合理地提出一个定义和理解，不仅需要大量的储备工作，也是非常需要勇气的。其次，集体主义在

---

① 中共中央马克思恩格斯列宁斯大林著作编译局编译：《马克思恩格斯选集（第一卷）》，人民出版社，2012 年，第 140 页。

社会主义计划经济时期曾在实践中被误解及误用，而现在又受到西方社会思潮的挑战，因此集体主义如何才能从历史中吸取经验教训，并结合“两个大局”的时代要求，突破重围，站稳脚跟，在建构人类命运共同体的新时代全面科学地发挥其重要作用，对本书的写作也是一个非常大的挑战。最后，一个难点在于，如何恰当地定义集体主义的合理界限，如何在有限的篇幅内将一系列易与集体主义相混淆的概念辨析清楚，并且在此基础上提出切合实际的、行之有效的实践途径和方法，真正使弘扬集体主义落到实处。如何做好这一系列工作，是本书的研究重点和难点。

研究过程中的重点、难点也正是最需要取得创新成果的地方，所以本书的创新之处可以概括为以下几个方面：第一，选题的创新。集体主义虽然是一个早就被研究的题目，但是仍常谈常新，在现有的研究成果中专门研究集体主义的时代价值的成果相对有限。此外，在人类命运共同体理念已经日渐深入人心的新时代，集体主义应当与时俱进，不断丰富其内涵并发挥更重要的价值。基于以上考虑，紧密结合社会现实的新发展和新时代要求，将集体主义重新进行梳理、研究和创新，这一选题具有比较大的研究空间和很强的现实意义。第二，研究内容的创新。首先，本书不仅回顾了集体主义的发展演变过程，还对其在不同社会历史阶段的不同类型进行了概括性总结，全面梳理了集体主义的中外理论渊源，对东西方学者对集体主义发展的不同贡献进行了概括。马克思主义理论家对集体主义的发展起到了至关重要的推动作用，本书不仅论述马克思、恩格斯、列宁、斯大林、毛泽东等马克思主义经典作家的理论贡献，而且还研究了当代中国历届领导人对集体主义的理论贡献，所以这是本书内容上的一个创新之处；其次，本书既肯定了集体主义在历史上发挥过的积极作用，也客观地指出了它在实践中曾发生过的失误，并指出了集体主义在当前面临的挑战和机遇。更为重要的是，在立一破之后，还应该有个破一立的过程。理论唯有在实践中才能不断发展，所以本书在全面梳理了集体主义在中国特色社会主义建设过程中的发展历程之后，大胆地提出了对集体主义新内涵的理解。集体主义唯有与时俱进才能不断地发挥它的重要作用，僵化教条式的理解只能是固步自封；最后，本书对一些易与集体主义相混淆的概念进行了辨析，强调集体主义必须使用正确的方法和途径进行弘扬，而且必须在合理的范围内发挥其积极影响，这也是本书的一个创新点。第三，观点的创新。本书最重要的一个创新点就是阐明了人类命运共同体理念和生态集体主义对集体主义的丰富和发展，阐明了集体主义在当代究竟有什么样的重要价值，为什么我们仍需大力提倡集体主义。本书就此分别从巩固意识形态安全，保障经济健康高质量发展，促进文化安全和繁荣，维护社会和谐稳定，增强民族团结和促进中华民族伟大复兴，推进生态文明建设和全球生态治理，以及促进人的自由而全面发展等方面进行了较为细致的阐述，重点紧密结合当前国内外的发展形势及我国的国情，在实事求是的基础上对集体主义的时代价值进行了较为全面的概括，以突出当前仍需大力弘扬集体主义的必要性和重要性。此外，对集体主义的弘扬途径，本书分别从理论层面、价值层面、制度层面、教育层面和传播方式上进行了阐述，在构建集体主义理论体系的基础上，凸显了“以人为核心”的基本原则，突出以完善的制度保障社会公平正义，提出重点加强大学生和党员干部的集体主义思想教育工作，尤其要重视网络与数字新媒体的传播效应。我们应该攻守结合，抵御西方的“和平演变”和意识形态分化，不断加强自身的理论创新，不断增强人民的认同感和自信心，使集体主义在新时代发挥出更加重要的作用。

目录

第一章　集体主义的内涵及相关概念释义

理解个人与集体这两个基本概念的内涵是研究集体主义的首要前提，而理解集体主义的关键在于正确地看待个人与集体的辩证关系。究竟是以“个人”为本位，还是以“集体”为本位，是个人主义与集体主义的分水岭，但是个人与集体之间不仅不是对立的，而且还是相互依赖的，其本质上是个人利益与集体利益之间的关系。集体主义的定义尚未统一，各个不同的学科都从各自的角度和立场对集体主义的内涵进行了概括。尽管学者对集体主义的定义仍然存在一定的分歧，但是对于集体主义的基本特征还是比较认同的。在历史上，集体主义随着社会的进步发展也经历着由低级走向高级的历史演变过程，大致上可以分为六种类型：自然环境的集体主义、自然经济的集体主义、城邦共同体集体主义、资本主义市场经济的集体主义、社会主义集体主义和共产主义的集体主义。

第一节　个人与集体的内涵和关系

一、个人与集体的内涵

（一）个人的内涵

在 6 世纪时，意大利哲学家波伊提乌曾把个人为定义为一个有理性的单独个体。在西方哲学史上，“个人”一词常被用来指代那些有较高认识的个体。欧洲文艺复兴和启蒙运动的爆发和深入，逐渐改变了人自身没有独立地位只能依附于宗教和权力的被动局面。以洛克为代表的启蒙思想家对“个人”的深入思考和重塑使之逐渐为人们所接受和认同，最终成为人们反对封建反对宗教禁锢，宣扬理性追求自由的旗帜，提倡个人的解放，重视“个人”的人格、尊严和幸福。资产阶级认为一切束缚个人的自由、幸福和尊严的封建制度都要打破。启蒙运动及后来的资产阶级革命倡导天赋人权，生而平等，主张个性独立和自由是对“个人”的一次革命性的解放，但是综观资产阶级的各种关于“个人”的思想，将个人的一切过分夸大成神圣不可侵犯的，这是资产阶级个人主义的阶级局限性和理论缺陷。

中国的历史文化极度重视人伦道德，始终遵循着“群体本位、国家本位”的原则，很少重视“个人”及其利益，如孔子的“克己复礼为仁”[①]，主张君子应当“贵人而贱己，先人而后己，舍己以为人”，以他人为先，积极地服务奉献于集体是伟大光荣的，对个人则要轻视，对个人的利益也只能消极维护。可见，中国的“群体本位文化”根深蒂固。“个性的差异性和丰富性，是个人特殊性存在的经验证明。”[②]任何人都不可以离开社会而孤立地存在和发展，只要人在社会中生存发展，就一定会有对个人自由的追求及对个性发展的需要。马克思曾深刻地指出“人的本质不是单个人所固有的抽象物，在其现实性上，它是一切社会关系的总和”[③]。罗国杰强调最根本的是个人的社会历史性。人作为历史发展的主体，包含着人作为一个自然人的个人属性，但是具有自然属性的

---

① 《论语》，陈晓芳译注，中华书局，2016 年，第 152 页。

② 罗国杰主编：《伦理学》，人民出版社，1989 年，第 139 页。

③ 中共中央马克思恩格斯列宁斯大林著作编译局编译：《马克思恩格斯选集（第一卷）》，人民出版社，2012 年，第 139 页。

个人，却并不一定包含着作为历史主体的人的个人属性。归纳起来说，对“个人”的认识最基本的有三点：第一，人是具体的而非抽象的，每个人都有自己不同于他人的独特个性，并且人的个性会随着时代的发展而有不同的表现和特征；第二，生活于现实中的人，最重要的是他的社会属性，任何个人都不可避免地要与他人产生交集以及发生各种各样的社会关系，社会关系决定了人的本质，人只有在社会中才能存在；第三，个人是与集体相对的，二者密切联系且不可分割，个人不可能孤立地存在，集体也不可能脱离个人而虚幻地抽象地存在。对“个人”内涵的剖析有助于我们加深对“集体”含义的理解，也是理清个人与集体的辩证关系的基本前提。

（二）集体的概念

集体这一概念是经济学、哲学、伦理学、心理学和法学等多个学科研究的对象，不同学科都对它在不同视角和维度上进行了研究、阐释和界定。每个学科的研究成果都有助于我们深刻全面科学地理解“集体”。在《新华字典》中“集体”的定义是“许多人合起来的有组织的总体”[①]。这一定义非常简单明了地概括了集体的构成和特征，但是却并没有充分地说明集体的真实的、具体的内涵。在历史上，我们曾对集体有过不科学的认识，常将其与国家、民族、社会、家族、家庭等概念混淆不清。对“集体”概念的研究在其他学科也取得了不少的成就，不同领域的专家学者都给出了不同的定义和见解。

学界对集体的认识众说纷纭，尚未取得一致意见，大致可以归为以下几种解释。第一，集体是人们根据自己的利益和意愿而自愿结成的共同体，它由个人组成，但又不是这些人的简单相加。[②]这一解释重在强调集体由个人组成，但不是简单的数量堆积，而是人们在组成集体之后能凝聚更大的力量并发挥更大的作用。第二，集体是由社会上的许多个人组合起来的有组织的整体，它与“个人”相对应而存在。集体由个人组成，集体和个人在本质上具有一致性，但是我们必须看到集体与个人又有区别。这一解释强调集体与个人的关系是既对立又统一的辩证关系。第三，集体是群体发展的最高阶段及最高表现形式，这是心理学对集体的一种较为普遍的认识。这种解释主要强调集体具有相对的

① 中国社会科学院语言研究所编修：《新华字典》，商务印书馆，2020 年，第 212 页。

② 程广丽：《“新集体主义”对“个人”与“集体”关系的诠释》，《山东理工大学学报（社会科学版）》，2003 年第 19 卷第 6 期，第 54 页。

稳定性、严密的组织性和高度的团结性等特征，并不是随便一堆人聚集在一起就可以称为一个集体，只有那些高度团结且富有组织性，能够因为某种利益或者意愿凝聚在一起，并能针对目标采取统一行动的高质量高水平的群体，才可以冠以“集体”之名。特别值得强调的是，在集体里的成员都具有高度的集体意识，他们对于共同活动的社会意义、价值观念也保持着高度的一致性，集体成员之间有着非常复杂的多层次的人际关系。第四，马克思和恩格斯重点强调必须要建立“真实集体”，虚幻的集体是同个人相矛盾或对立的。马克思和恩格斯在阐述集体概念时，常与“共同体”同义，偶尔也会用“社会”来指代“集体”。所以，有的学者并不同意将集体与共同体划等号的说法，他们认为马克思、恩格斯提出的“集体”，实质是“真实的共同体”。即是说“集体是真实的共同体，是以人的自由发展和运动为根本目标的劳动者联合体”[①]。高于个人、超越于个人之上的集体必然是“虚假的集体”。马克思、恩格斯并不否认虚假的集体存在的合理性，因为无产阶级要夺取政权并建立社会主义社会，只能通过“虚假的集体”逐步过渡到“真实集体”。第五，国内对集体多是从哲学角度来理解的，集体应该是“代表最大多数人根本利益的联合”[②]。此外，很多学者分别从不同的角度提出了对“集体”的理解，主要包括国家整体说、抽象社会说、单位组织说、利益共同体等几种观点。[③]第六，集体具有多层性特征，具体是指集体应该有不同的范畴。人们时常将“集体”具体化为“社会”或者和能够代表集体的阶级、国家、集团、家族等名词。组织性和整体性是集体的显著特征，所以，班级、学校、政党、民族、国家都可以是集体，它们作为微观的集体，比宏观的集体更加直观，更容易被人接受。抽象地谈论集体难以带给人们深刻的印象和深切的认同，反而在人们生活或工作中的“小集体”，更有助于人们培养集体意识和公共精神。理性集体主义将重心放在规模和范围有限的微观集体及具体的集体上，强调逐步由小范围扩展至大范围、由浅至深

---

① 肖接增：《对集体主义原则中“集体”的科学界定》，《求实》，2009年第9期，第34页。

② 周中之主编：《伦理学》，人民出版社，2004年，第153页。

③ 李增刚：《国家利益的本质及其实现：一个新政治经济学的分析思路》，《经济社会体制比较》，2010年第4期，第31页；夏伟东主编：《思想道德修养》，中国人民大学出版社，2003年，第165页；李汉林：《中国单位现象与城市社区的整合机制》，《社会学研究》，1993年第5期，第23页；徐伟：《集体主义与利益共同体》，《探索与争鸣》，1995年第5期，第23页。

地培育人们的集体精神。但是我们也要警惕在微观集体中出现民族主义、国家主义、小团体主义等不良思想倾向。这些思想对我们正确认识集体的含义具有非常重要的借鉴作用，尤其是当前我们还处在社会主义初级阶段，还不具备实现高级的集体的条件，在这样的情况下如何科学把握集体以及集体主义则显得尤为重要。

二、集体与个人的辩证关系

多年来，国内外学界对这一问题仍争论不休，究竟是以“集体”为本位还是以“个人”为本位成为产生分歧的关键。“个人本位论者”认为集体是抽象的虚幻的共性存在，而个人作为个性的存在，是鲜活的具体的特殊的，那么现实生活中最重要的落脚点是在实实在在的个体身上。所以个人才是社会的主体，集体却极可能抹杀掉个人的个性和创造力。哈耶克主张相对的自由观，个体互相独立而不侵犯他人的利益，即每个人都应当在不影响社会秩序的前提下，充分地发挥自己的潜能，最大限度地发展自己的才能。以罗尔斯为代表的新自由主义也主张在经济活动中，每个人的动机和行为首先是利己的，其次才是利他的。我们批判这种个人本位论，因为它完全脱离了人的社会关系而强加给人们个性绝对化的主张。与之相比，“集体本位论”则符合社会主义的性质和发展要求。个人通过一定社会关系为纽带联合起来组成集体，但是它们之间又不仅仅是简单的一对一关系，而是呈现出多层次、多样化、多重交叉的复杂关系。研究个人与集体的辩证关系，切忌不能脱离具体的社会历史而将其简单化和抽象化，而应该具有客观的全方位的马克思主义的历史观点，始终在完整的社会背景下进行探索。

首先，从哲学角度来看，个人与集体存在着依赖关系，即集体是由个人构成的，没有个人，集体就失去了存在的基础，所以脱离个人必然导致集体的幻灭。相应的，个人要依赖集体为其提供生存和发展的手段和条件，因而也不可能孤立地存在，二者之间有着紧密的依存关系。马克思和恩格斯曾对集体与个人的关系做过阐释：“只有在共同体中，个人才能获得全面发展其才能的手段，也就是说，只有在共同体中才可能有个人自由。”[①]这段论述重点强调了个人对集体的依赖性，人是万万不能离开集体的，因为集体能够提供给个人所不

① 中共中央马克思恩格斯列宁斯大林著作编译局编译：《马克思恩格斯选集（第一卷）》，人民出版社，2012 年，第 199 页。

具备的优势条件，弥补个人能力的不足和缺陷，团结起来形成更强大的力量获取更大的利益，使个人有机会获得全面发展其才能的手段，最终实现人的个性自由和全面发展。同时，我们还必须认识到集体对个人而言的重要性并不能代表集体的绝对权威和神圣不可侵犯。集体应该是有利于个人全面发展和实现个人自由的，如果一个集体随意支配或驱使、压迫人们，那么这样的集体只会制约个人的发展，限制个人的自由。集体同样要依赖于个人，马克思和恩格斯在《共产党宣言》里曾深刻地揭示了集体对个人的依赖。既然每个人的自由发展是一切人的自由发展的前提，那么集体绝不可能离开个人的发展而发展。

其次，从利益的角度看，个人与集体的关系本质上就是个人利益与集体利益（或公共利益）的关系。集体利益，是指集体中的所有成员在政治、经济、文化或环境等诸多方面的利益的集合体。相应的，个人利益就是指单个的社会成员的各种利益和需求的总和。这句话揭示出了许多问题的本质都是利益问题，集体与个人的关系也不例外。所以，探究“个人”与“集体”的关系问题的核心就是如何正确处理“个人利益”与“集体利益”之间的关系。

目前针对这一问题可以达成一致的见解有如下几个要点：第一，个人利益符合集体利益，任何违背或牺牲集体利益来谋求个人利益的行为都是错误的。马克思、恩格斯指出：“既然正确理解的利益是全部道德的原则，那就必须使人们的私人利益符合人类的利益。”① 人类的利益即是把全人类作为一个共同体来看待，那么人类的利益就是集体的利益，任何个人的私利都不能有悖于人类的集体利益。第二，集体利益必须有利于个人利益的实现和发展，这个可以从先前对“集体”的释义中找到答案。并非随意一群个人组合在一起都可以称为集体，集体的组织性纪律性和团结性决定了其本质特征，即在真实的集体中可以使个人获得更好的发展机会，更有利于实现其个人利益。因此，那些“虚假的集体”仅仅是打着“集体”的旗帜，实则是利用各种手段剥夺、侵害、吞噬、牺牲个人的利益。这样的集体根本不是真实的集体，维护其集体利益就是损害人们的个人利益。马克思和恩格斯曾尖锐地指出：“因此对于被统治阶级来说，它不仅是完全虚幻的共同体，而且是新的桎梏。”② 第三，集体利益与

① 中共中央马克思恩格斯列宁斯大林著作编译局编译：《马克思恩格斯文集（第一卷）》，人民出版社，2009 年，第 334 ~ 335 页。

② 中共中央马克思恩格斯列宁斯大林著作编译局编译：《马克思恩格斯选集（第一卷）》，人民出版社，2012 年，第 199 页。

个人利益是辩证统一的，有前两点内容做支撑，必然会得出这一结论。马克思和恩格斯的辩证法思想也运用到了对个人利益与集体利益的关系中，强调人们既不能为追求个人利益而反对、违背或牺牲集体利益，也不能因为要保全、维护、扩展集体利益就牺牲或泯灭个人利益。他们曾指出“共产主义者既不拿利己主义反对自我牺牲，也不拿自我牺牲来反对利己主义”[①]。正确把握个人利益和集体利益的辩证统一关系，必须避免任何过分夸大一方而忽视另一方的极端行为，只有统筹兼顾才能对双方都有利。第四，个人利益与集体利益是相互促进、和谐共生、不可割裂的关系，但是集体利益始终要高于个人利益，这是最基本的原则。集体应该在最大程度上促进和保护个人合法利益的实现和满足。对于个人的不正当或非法利益，则必须坚决地进行否定、批判和打击。即使是个人的正当利益，在它对集体或国家利益有损害，与集体利益发生冲突的时候，个人也应该首先以集体利益为重，对个人利益加以自觉约束，在必要时提倡为顾全大局而对个人利益做出必要的暂时的牺牲。

最后，从政治层面上看，就是个人与社会的关系，这也是我们在生活中最常接触到，也最有直观感受的一个分析角度。个人是具体的，是在现实中真实存在的，也必须具有独立的个性。社会也不是抽象的概念，不存在超越于个人之上的孤立社会。社会是与“个人”相对立而存在的“集体”，也正是由这些现实的、独立自由的个人所组成的联合体。20 世纪德国社会学家诺贝特·埃利亚斯曾经以歌德的诗，对个人与社会的关系展开了形象而生动地描绘，他认为个体与社会的关系以及人与人的联系，同歌德所感受到人与自然的关系并多次加以表现的情形具有一定的相似性。他在此强调了个体和集体之间是相互依存、不可分割的辩证统一的关系。[②]早在《1844 年经济学哲学手稿》中，马克思和恩格斯就明确地阐释过这一问题。他们认为首先应当避免的，就是把“社会”当作抽象的东西与个体相互对立。个人和社会必须被真实地还原成现实的和具体的，人们才能获得正确理解二者之间本质关系的基本前提，否则一切都是脱离实际的空谈。[③]马克思和恩格斯对于“个人”与“社会”的关系问题，有

① 马克思、恩格斯：《德意志意识形态（节选本）》，人民出版社，2018 年，第 98 页。
② 埃利亚斯：《个体的社会》，翟三江、陆兴华译，译林出版社，2003 年。
③ 中共中央马克思恩格斯列宁斯大林著作编译局编译：《马克思恩格斯选集（第一卷）》，人民出版社，2012 年，第 49～63 页。

三个最基本的观点。

第一，个人是社会的主人和目的，个人的自由发展是社会发展的前提。恩格斯明确表达了这样一种思想："人终于成为自己的社会结合的主人，从而也就成为自然界的主人，成为自身的主人——自由的人。"[①] 这一论述表明成为社会的主人是人成为真正的"自由的人"的基本前提。恩格斯坚决反对将社会抽象地看作与个人相对立的力量，社会不过是一个独立于个人而存在的且需要为全体人民服务的力量，每一个人都应是社会的主人，前提必须是使阶级和国家消亡，消灭一切剥削压迫。在真正的共同体中，社会是用来促进实现个人利益以及保障个人自由的。个人发展通过个人在社会中有意识有目的的活动来实现，个人发展了才能推动社会发展，其实这本质上是同一个过程，所以，社会发展离不开个人发展这一根本前提。第二，社会对于个人发展而言，既是手段，也是目的；只有在共同体中，个人才能获得全面发展其才能的手段。人通过分工和合作结成一定的社会关系，然后形成社会，个人在社会中因为有人的联合而获得了更强的力量和更大的优势，因而可以极大地弥补独立个体的不足。因此，个人的全面发展必须依靠社会的力量才能实现。但是，社会作为个人发展的手段，如果不能充分发展也会成为制约或阻碍个人发展的力量，所以个人必须把社会当作个人努力的目标和目的，才能让社会为个人发展提供更坚实的基础。第三，个人与社会本质上是和谐统一的；马克思深刻地指出，在资本主义社会，个人和社会都被异化了，因而变成了严重对立的双方，只有实现人类解放，才能彻底消灭这种对立，从而实现共产主义。未来社会成为自由人的联合体，那时才能达到个人与社会高度的和谐与统一。与个人的生存和发展相关的一切都离不开社会，人的社会属性是人的本质特征，人只有在社会中才能真正成为人并发展自己的真正天性，同样，社会离开个人的自觉努力而想要获得发展，同样是不可能的。作为人自身的对象化的社会成为人本身，二者融为一体不能割裂，才是真正实现了人与社会的有机统一。

① 中共中央马克思恩格斯列宁斯大林著作编译局编译：《马克思恩格斯选集（第三卷）》，人民出版社，2012 年，第 817 页。

第二节　集体主义的内涵解析

随着中国综合国力的日渐强盛，社会主义制度的优势日益显现。社会主义核心价值体系的提出及我国对文化繁荣发展的高度重视，使越来越多的学者开始重新关注社会主义市场经济与集体主义的兼容性，关注中国集体主义的重要作用和意义，集体主义与中国传统文化的历史渊源，以及探索集体主义与人类命运共同体理念的关系等课题。国内外很多不同领域和学科的学者都对这一时代课题予以关注和研究，从而产生了丰硕的学术成果，最根本的问题始终围绕着如何科学地认识集体主义的内涵而展开。

一、集体主义的历史渊源和概念的提出

（一）集体主义的历史渊源

在集体主义这个名词产生之前，其思想内容和实践就早已存在多时了。[①]最早可以追溯到人类的原始时期，最为古老的集体主义形态——原始集体主义，就已经在氏族社会的原始公有制的基础上诞生了。由于原始社会生产力极其低下，个人的生存能力极为有限而不得不依靠氏族和部落的庇护和帮助，人们一起劳作并按需要分配，氏族和部落的共同体利益就是最高利益，这种共同生活和团结互助的生活方式极大地保障了人们的生存。但是，原始集体主义毕竟是建立在极端低下的生产力水平基础上的，所以注定了它具有感性经验的色彩及其不可避免的狭隘性和局限性。自从人们进入阶级社会后，文明程度越来越高，所以这种原始集体主义也不可避免地衰落和灭亡了。

不同阶级之间严重的阶级利益对立，在奴隶社会、封建社会这样的阶级社会中是普遍存在的。统治阶级掌握着国家大权，因而将自身利益宣扬为社会的共同利益，实行严格的宗法制度和等级制度对人们实行残酷的剥削和镇压。当时的生产力水平较原始社会虽有显著提高，但是自给自足的自然经济发展能力有限，以手工业为主的商品生产也只能满足自身需要。因此，人们之间的相互

---

①　我们可以从沃克对集体主义的表述中印证这一观点，集体主义“适用于任何各种类型的社会组织的名称，在该组织中个人被认为属于群体，例如阶级、种族、民族或国家”（沃克：《法律牛津大辞典》，李双元等译，法律出版社，2003 年，第 222 页）。

依赖性依然比较明显，个人只有置身于以家庭、血缘、家族、宗法维系的狭隘共同体中，才能求得生存与发展，因而整体主义、宗法集体主义和群体主义即应运而生，对整个封建社会的发展有非常重要的影响。但是，这种集体主义本质上仍是一种虚假的集体主义，并不能真正代表集体的利益和社会整体的利益，更不能代表全体人民的利益。

自近代社会以来，资本主义的大发展用“物的依赖关系”取代了传统社会“人的依赖关系”，文艺复兴、宗教改革、启蒙运动和资产阶级革命等一系列大事件，使强调个性独立、个人权利和个人自由的“个人主义”取代了整体主义价值观，这在社会历史发展中曾起过非常重要的进步作用。个人主义逐渐渗透在社会生活的方方面面而成为西欧的主导价值观。自20世纪80年代以来，西方社会形形色色的社群主义开始兴起，使个人主义在理论和实践中都遭遇了困境。但是，社群主义并没有形成完备的理论体系，而只是对“个人中心论”提出质疑和反对，强调个人对群体和社会的依赖性，主张将共同体作为出发点，提倡把权利和正义建立在社群“共同的善”的基础上。社群主义试图颠覆个人主义的基本理念以及由此产生的道德虚无主义，它的出现表明在西方社会同样出现了与集体主义有关联性的价值观念。

（二）集体主义概念的提出

卢梭一般被认为是最早对集体主义进行理论表述的先驱。[①] 卢梭试图将个人与集体结合成一个紧密共同体，最大程度地避免二者出现冲突，并以此实现共同利益最大化。他认为集体成员将自身的一切力量和财富都献给了集体，但是他显然对人的道德理性估计过高。[②] 德国古典哲学家黑格尔最重要的贡献是强调了个人利益与集体利益相结合的原则。虽然黑格尔认为个人利益应该服从社会的整体或普遍利益，但同时，他又强调集体或社会的利益凌驾于个人利益之上，显然还是未能看透问题的本质。[③] 之后，马克思和恩格斯给出了对集体的经

① 让－雅克·卢梭：《社会契约论》，陈阳译，浙江文艺出版社，2016年，第20页。卢梭在《社会契约论》（1762）中表达了他的集体主义思想，他主张个人服从社会的一般意愿，才能获得自己的真正存在和自由，也是近代最早对集体主义思想进行表述的思想家。

② 让－雅克·卢梭：《社会契约论》，陈阳译，浙江文艺出版社，2016年，第21页。

③ 黑格尔曾详细阐述了这一观点，即个人只有绝对服从民族国家的制度，才能实现自己的真正存在和自由。这是黑格尔理论认识的局限性。黑格尔：《法哲学原理》，范扬、张企泰译，商务印书馆，1961年，第288～297页。

典概括，认为个人自由和利益只有在集体中才能实现，辩证地揭示了集体与个人的关系。[①]尽管他们并未明确提出“集体主义”这一概念，但他们的理论和思想为集体主义的发展奠定了坚实的基础。随后，保尔·拉法格在马克思和恩格斯的理论基础之上，以政治信仰和原则为切入点理解集体主义，并最早明确地使用了“集体主义”概念。保尔·拉法格认为集体主义的同义语实际上就是共产主义，这有利于人们从政治上接受集体主义。斯大林是真正较早地开始使用集体主义概念，并且对集体主义的基本思想比较完整地进行表述的先驱。斯大林的集体主义观，对集体主义的发展影响很大。可以说，斯大林的集体主义观在一定程度上为集体主义提供了科学性的佐证。

近些年来对“集体主义”的研究和争论一直比较活跃，但是，对集体主义概念的运用还存在混乱。一是不对集体主义进行界定，或避而不谈。只谈集体主义怎么样及有什么特征，而避开不谈“集体主义究竟是什么”这个最关键的问题。二是对集体主义本身是什么仍旧模糊不清，所以只会泛泛而论；大多从政治术语的角度一笔带过或只论述集体主义应该如何，但对集体主义的概念却始终没有清晰准确的认识。三是许多观点自相矛盾，很难自圆其说，没有信服力。如有的学者，一方面强调“集体主义”是社会主义和共产主义社会所“特有”的，另一方面又把集体主义的发展史划分为原始社会阶段和社会主义阶段，这显然在逻辑上就说不通。所以说，任何人想要研究与集体主义相关的问题都不可能避开集体主义本身，那么首要任务就是对“集体主义”进行理论界定和内涵概括。

二、不同学科领域对集体主义内涵的概括

那么，究竟什么是集体主义呢？它的定义或内涵到底包括哪些内容？应该如何对其进行界定？集体主义的思想内涵十分丰富，现在学术界尚未有完全明确的定义，很多学者都是通过对比或描述的方法进行阐释。但是，综观各个学科和领域对集体主义的定义和内涵解析，可以选择具有代表性的一些观点，全方面多角度地理解集体主义的本质内涵。

（一）伦理学领域

罗国杰在改革开放后对集体主义进行了系统的表述：“对集体主义的界

① 中共中央马克思恩格斯列宁斯大林著作编译局编译：《马克思恩格斯选集（第一卷）》，人民出版社，2012 年，第 199 页。

定，应强调三个方面，即集体利益高于个人利益；在集体利益高于个人利益的原则下，切实保障个人的正当利益，促进个人价值的实现；集体主义强调个人利益与集体利益的辩证统一。”[①]具体来讲，在社会主义社会集体主义强调集体利益高于个人利益，个人对集体、社会和国家有不可推卸的义务和责任。集体中的每一个成员都应该坚持为完善集体而努力，促使集体能够更加公平、公正、真实、全面地代表集体的利益。在个人利益和集体利益产生矛盾且不能同时兼顾时，提倡暂时牺牲个人利益，做到先公后私以求顾全整体和大局。集体主义与个人主义是相互对立的，必然坚决反对鼓吹个人中心论、个人至上性、个人本位观，与一切形式的个人主义思想都要划清界限。同时，还应指出集体主义是历史地发展着的。我们对集体主义的认识通过实践的反复检验也在不断地提高。社会主义集体主义决不是“唯集体至上”而无视个人利益的。个人与集体之间始终存在一种辩证统一关系：既要强调个人利益服从集体利益，同时绝不能忽视个人正当利益，在保证集体利益的前提下，集体应当尽心竭力关心并促进个人正当利益的实现。我国的集体主义建立在社会主义公有制经济基础之上，代表和维护着整个社会的利益，与社会主义有着不可分割的血肉关系。学者罗国杰对集体主义的系统表述沿袭了马克思主义集体主义的思想精髓，也是我国对“集体主义”较为权威的阐释，涵盖了集体主义思想的核心内容。

（二）心理学领域

心理学上把集体看作群体发展的最高阶段，它的集体主义便是建立在这一基础之上的。从 Harry C. Triandis（1995）对集体主义的界定可以看出，心理学上的集体主义重点强调的是一种文化维度，集体主义使人们对家庭、团体、民族或国家这一系列集体有强烈的归属感和认同感。在不同的文化背景中的个体，他们的行为和价值观都会受到个人主义或集体主义的重要影响。不同国家或民族的人们会具有某种特定的心理特征，能使他们区别于其他国家或民族的人们。同时，Harry C. Triandis 不仅研究心理学领域的集体主义思想，他还综合各家意见，依据集体主义与个人主义的具体区别，在一一对比中加深对集体主义的理解。他分别从个人主义者和集体主义者对个人目标和集体目标的重视程度、个人态度和集体角色谁对人的行为产生更直接的影响、个人主义的自我感

---

① 罗国杰：《罗国杰自选集》，中国人民大学出版社，2007 年，序言第 6 页。

觉和集体主义的自我感觉的区别三个方面将个人主义与集体主义区别出来。从心理学的研究来整体把握集体主义，最有价值的启示是，集体主义是普遍存在的，是人类所共有的。再则，即便是在同一个体身上，集体主义和个人主义这两种相对立的价值取向极有可能同时存在，并且共同发挥作用影响着人的观念和行为，这对我们全面深化对集体主义内涵的认识是大有裨益的。

（三）政治学领域

20世纪中期，英国政治哲学家奥克肖特，针对欧洲近代以来的道德和政治进行了深刻的反思。他认为道德价值取向与一个社会的政治体制模式存在着密切的关联，人们通常会将道德标准作为评判政府的体制和行为的依据。虽然政治和道德之间，不存在直接的决定关系，但确实可以相互说明。他对欧洲的三种主要的道德（共同体道德、个人主义道德、集体主义道德）及与其相适应的政治模式进行了归纳总结，并且说明欧洲近代以来的道德体系是由这三种道德所组成的复合物。这一观点似乎也验证了心理学得出的结论，那就是个人主义与集体主义总是并存的且共同发挥着影响和作用。奥克肖特对欧洲的集体主义政治观的梳理在前言中已经阐明，故在此处不再特别强调。他在研究集体主义道德观的核心概念时曾强调过公共物品和共同财产的概念，提出人类的真实的生存状态正是这样一种集体状态，并且以公共物品来取代不同个体之间的利益。但是，对反个体主义者而言，共同利益必须代表共同体自身的利益，所以个人主义者所认同的那种共同利益难掩其虚幻本质。集体主义要求全体成员都必须专注于共同体自身的这一共同利益。显然，欧克肖特认为集体主义是一种政府强行灌输，让人们服从的行为模式。虽然他强调只有个人主义道德才能保障人们的个性自由，但是并不否定或贬低公共利益和公共安排的重要性。他最重要的贡献就是将具有欺骗性的相似的共同体道德与集体主义道德从本质上区别开来，共同体道德是奴隶道德、村社、家族或地区道德，而集体主义道德代表的是公民道德和国家道德。[①] 当代政治哲学中新自由主义和社群（共同体）主义也在集体主义上存在争论。桑德尔把政治哲学之争归结为“一些人重视个人自由（权）的价值，而另一些人则认为，共同体的价值或大多数人的意志永远

① 欧克肖特：《政治中的理性主义》，张汝伦译，上海译文出版社，2004年，第96～97页。

应该占压倒地位"[①]。个人主义与集体主义在政治领域也是始终对立并相互斗争的，但是个人主义也存在一些合理有益的成分，它强调个人是社会的主体，社会应维护每一个人的政治权益，强调个人自由和个性解放的同时也强调社会责任和公民义务。不论是个人主义还是集体主义，追求社会的公平、正义、和谐、有序是所有人的共同愿望。政治哲学领域的集体主义思想和观点值得深入研究和探索，这对全面科学地认识集体主义的本质具有非常重要的借鉴意义。

（四）当代马克思主义研究领域

在马克思主义经典作家对集体以及集体主义内涵的研究基础上，中国当代有许多专家学者又不断进行补充，提出了自己的观点和见解。有学者认为，集体是一种以一定社会关系为桥梁而连接起来的个人联合体，集体和个人之间绝不是简单的一一对应关系，而是呈现出多层次、多样化、多交叉的复杂关系。这表明集体的概念是在不断发展变化的，集体与个人的关系已经越来越复杂多元化，所以要用历史的和发展的观点，而不是用抽象僵化的方法理解和研究集体主义。还有学者提出了在一般的意义上对集体主义的新理解，即集体主义是一种与个人主义相对的人类普适的价值追求。集体主义的形成和发展必然与一定的文化环境和社会制度相适应，最终形成层次不同的集体主义类型。因此，集体主义必然存在客观的外在社会文化和内在的心理基础。为了与传统集体主义相区别，还有学者提出了"新集体主义"这一概念，最早是 1994 年由王颖提及的："新集体主义并不单纯是一种思想意识或一种所有制形式，而是一种中国所独有的社会经济运行模式，是区别于西方社会以个人为基本单元的社会组织模式。"[②]有些学者也在自己研究的基础上给出了自己对"新集体主义"的定义。[③]这一概括全面而深刻，但是作为一个定义而言不免过于冗长。还有学者针对当前我国社会主义发展实践提出了对集体主义内涵和本质的新理解，强调

---

① 桑德尔：《自由主义与正义的局限》，万俊人、唐文明、张之锋等译，译林出版社，2001 年，第 2 页。

② 王颖：《新集体主义与泛家族制度——从南海看中国乡村社会基本单元的重构》，《战略与管理》，1994 年第 1 期，第 91 页。

③ "新集体主义是指以马克思主义经典作家真实集体观和人学思想为指导的，与社会主义初级阶段及市场经济相适应的，体现以追求全社会富强、民主、文明、和谐为内容的社会主义意识形态的思想体系，它既是对西方个人主义、社群主义、功利主义的思想体系或社会思潮中合理成分的借鉴，也是对传统社会主义的集体主义非理性的超越。"（耿步健：《集体主义的嬗变与重构》，南京大学出版社，2012 年，第 215 页）

三个方面：其一，贯穿于集体主义的基本原则是“以人为核心”，着重强调新集体主义必须重视广大人民群众的利益和主体地位，将维护人民的利益作为中心任务；其二，集体主义是在人性本体论（仁爱）的基础上建立起来的，强调“仁心善性”与儒家大力宣扬的“性善论”不谋而合，剔除其形而上学的片面成分，对道德价值观的追求必须予以肯定；其三，集体主义最为核心的内涵就是个人利益服从国家集体利益；社会主义国家和集体代表的是广大人民的根本利益，而不代表少数统治阶级的利益，所以，在充分尊重个人利益的基础上，始终要把集体利益放在更高的位置上，坚决反对个人主义。

整体来看，笔者认为当代马克思主义的集体主义观主要强调三个方面，集体利益和个人利益的辩证统一，集体利益的优先性，重视和保障个人的正当利益。第一，无论是集体主义还是个人主义，其最终的落脚点必然在利益问题上，个人利益和集体利益是不可割裂的，集体主义就是强调二者的辩证统一和相互依存关系。集体利益是个人利益的载体，但它并非个人利益的简单相加。集体利益不仅有自身独立的价值，而且大于个人利益相加的总和。第二，集体利益具有优先性。当冲突不可避免时，个人利益应为集体利益做出牺牲，任何损害集体利益以图谋个人私利的行为都是不可取的。第三，集体主义从来就不曾忽略个人利益，之所以特别强调重视和保障个人利益是因为我国还处于社会主义初级阶段，物质财富尚未极大丰富，人们的思想觉悟还有待进一步提升。因此，在现阶段保障集体利益的前提下，应尽可能地维护好发展好人民群众的根本利益。正如马克思、恩格斯所揭示过的，并不是只有阶级社会才有“虚幻集体”，只要还没有进入共产主义，那么集体就无法完全摆脱它的虚幻性质。现有的集体主义理论仍然存在一定的抽象性，所以更应该突出强调保障个人正当利益的实现。只有最大限度地调动人们的积极性和创造力，维护人们实实在在的利益，才能在实现社会主义和共产主义的过程中，不断地剔除集体的虚幻成分，越来越接近“真实集体”。所以，我们应更尊重和维护人们的正当利益，促进集体利益的总体实现，从长远来看也必将有利于集体主义进一步深入人心。

（五）文化领域

个人主义与集体主义可以说是并存于世界的两大对立文化体系，二者始终处于互相竞争的状态。许多国内外的学者都偏好从政治、经济、心理、哲学等角度研究集体主义，但从文化视角来研究的人并不是很多，而且相对来讲涉及的范围也比较局限。相对而言，国外的学者还是比较注重在研究过程中将集体主义与文化等相关因素结合起来的。Harry C. Triandis 认为集体主义是关系密切的人构成的一种社会模式，每个人都是集体的组成部分。[①] 还有部分学者在探索中西两种文化和思想之间的区别的基础上，继续讨论了相关的文化现象和行为模式及这两种文化对教育造成的不同影响。

国内部分学者对集体主义与文化的相关性做了进一步的探索，其中研究最多的就是集体主义与中国传统伦理文化的关系。人不仅时刻都不能脱离集体，而且隶属于多重复杂关系的集体，脱离了社会属性就意味着人将不能称其为人。中华民族经受住了各种考验而越发强大，这些与长期以来集体主义思想潜移默化地影响中国人民密不可分。因此，学者对“集体主义与中国传统伦理文化紧密契合”这一观点达成了一致意见。但是，中国传统文化的这种集体主义究竟应归结为何？学者对此各执一词，看法不一。部分学者把传统文化中的集体主义与社会主义的关系概括为一种社会主义文化基因，强调集体主义和社会主义文化具有天然的亲和性。

综合各位学者的研究，应当把集体主义理解为一个宽泛的文化理念，它兼具了道德与政治的双重内涵，在不同的文化形态和社会制度里表现为不同的形态。中国的集体主义文化，既是价值观念，又是行为方式，在中国集体主义文化历史悠久且源远流长，对中华民族的发展有着重要的影响作用。集体主义文化的核心思想就是特别重视集体的力量，人们崇尚互相关心和帮助的亲密、友好和团结关系；集体并没有特定的范围和指代，可以是任意的规模和形式，如家庭、单位、学校、村庄、省市、国家等。中国传统文化与集体主义之间存在着契合关系，要发掘中国优秀的传统文化。

三、集体主义与个人主义的关系

（一）集体主义与个人主义相对立

前文已详细地阐述了集体主义和个人主义产生的不同历史渊源、文化背景和发展历程，对其不同的理论观念、价值目标、思维方式也做了简单的概括，

① Harry C. Triandis 认为在集体主义中，个人目标应无条件服从集体的目标和任务。显然这种宽泛的定义代表他并没有真正理解集体主义文化（Harry C. Triandis, *Individulism and Collectivism*, West view Press, 1995, P128，此部分为笔者翻译）。

所以此处就不再赘述，重点强调“集体主义”与“个人主义”的对立关系。这一对概念代表了两种截然相反的文化内涵、价值取向和思想观念，它们在人类社会的发展始终不断地进行着斗争。个人主义发源于古希腊，智者学派对个人地位和作用的阐释为个人主义的产生奠定了思想基础。智者学派的领袖人物，同时也作为个人主义思想先驱的普罗泰戈拉将人看作万物的尺度，人成为决定一切的根本力量。[①] 在经历过中世纪的黑暗统治之后，整个欧洲相继掀起了文艺复兴和宗教改革运动，倡导人的个性解放和个性自由，从而使个人主义深入人心。

集体主义与个人主义的斗争是我国两千多年的文明思想史的主旋律。在中国，集体主义思想可以上溯到《礼记》的“大同思想”[②]，但是，集体主义并不只存在于东方社会，集体主义思想在西方萌芽于柏拉图的《理想国》，随着时间的推移，集体主义思想产生着越来越大的影响。集体主义并不等同于社会主义而与资本主义相对立，这是两对不同的概念，不能将其混淆而产生误导。总之，集体主义与个人主义不仅在时间上对立，在空间上也是对立的。集体主义与个人主义虽然有着严格的区别和界限且二者之间相互对立，但这并不妨碍它们同时存在于不同的文化背景中，也不妨碍它们共同存在于同一个体中并对其观念和行为产生影响。究其原因，这是因为社会制度的作用，不同的社会制度会促使人们倾向于不同的价值观选择，即便同样是集体主义，也伴随着社会制度的变迁而相应地产生变化。

（二）集体主义是对个人主义的消解和超越

集体主义不仅与个人主义存在对立关系，它在很大程度上还可以消解个人主义的消极影响，因而它是超越了个人主义的、更为先进、更为高级的思想观念。个人主义能够调动个人的积极性和能动性，弘扬人的个性自由和主体性地

---

① 柏拉图：《泰阿泰德》，詹文杰译注，商务印书馆，2015 年，第 64 页。

② 春秋末到秦汉之际的大同思想包括三种类型：农家的“并耕而食”理想，道家的“小国寡民”理想和儒家的“大同”理想，此处专门指代儒家的“大同思想”。儒家大同理想与集体主义是非常契合的，它对理想社会的设计是没有私有制，人人为社会劳动而不是“为己”；老弱病残受到社会的照顾，儿童由社会教养，一切有劳动能力的人都有机会充分发挥自己的才能；没有特权和世袭制，一切担任公职的人员都由群众推选；社会秩序安定，夜不闭户，道不拾遗；对外“讲信修睦”，邻国友好往来，没有战争和国际阴谋。因为儒家的大同理想比农家、道家的理想更加美好，更加详尽和完整，所以也对后世的影响最为重大深远。

位，对带动社会发展有非常重要的作用。但是，任何人都不能否认其负面效应。西方学界对个人主义的反思和批判由来已久，尤其是自2008年以来，不少学者对资本主义奉行的个人主义价值观进行了深刻的剖析，他们认为金融危机、民主危机甚至是生态危机只是表象，其背后隐藏的真正的深层次问题是严重的道德危机。个人主义价值观无节制的滋长和蔓延造成了许多严重的社会问题、价值观危机及环境问题等，因为每个人都从个人利益最大化出发，在资本的驱使下人们透支健康、污染环境，最终却要全人类一起承受这沉重的代价。于是，有不少学者开始重新思索集体主义的智慧，个人主义的负面作用只能依靠弘扬马克思主义集体主义才能克服和消解。

首先，集体主义能够消解个人主义“以个人利益至上”的思想；个人主义价值观的出发点就是“一切以自我为中心”和“个人利益至上”，把个人利益凌驾于集体利益和社会利益之上，极易造成利己主义、享乐主义和拜金主义等不良思想，其社会危害性是不言自明的。但是，马克思主义集体主义与个人主义截然相反，它明确地坚持以集体本位，强调个人利益应该符合集体利益的要求，当二者发生冲突时，个人利益应让位于集体利益。这一点反映在中西文化差异上也极为明显，西方社会推崇的楷模是那些通过自己的努力奋斗，最终出人头地的人，但是集体主义文化推崇的是舍己为人、助人为乐、无私奉献、舍己为国的道德楷模，他们的人格魅力影响并激励了一代又一代的中国人，为维护社会的稳定、国家的繁荣和民族的伟大复兴而奋斗终身。

其次，克服狭隘自私的个人主义义利观；在权利与义务的问题上，个人主义注重维护自身的权利，而在对他人、集体和社会的义务方面则有意避之。集体主义则不然，它倡导的是辩证统一的价值观和义利观，不仅坚持社会价值与个人价值的辩证统一，而且特别强调权利与义务是不可分割的统一体，没有不需要尽义务的权利，也没有无权利的义务。任何人都要依靠社会提供各种环境和条件去实现个人目标，因而积极参与社会公共事务，为社会发展尽到自己相应的义务是一种光荣的责任。如果人人都只求索取，而不向社会做贡献和尽义务，那么社会的永续发展必然得不到保障，那么又何谈个人价值和权益的实现？所以，马克思主义集体主义克服了个人主义狭隘自私的义利观。

再次，弥补个人主义将目的和手段相割裂的重大缺陷；毋庸置疑，个人利益的最大化是个人主义所推崇的最高价值和根本目的，任何他人、集体、社会都只是作为实现这一目的的手段而存在。无论是完全忽视他人和社会利益，不惜一切手段和代价实现个人目的的极端个人主义，还是相对温和的试图寻找一条中间道路的合理的个人主义，其本质都没有脱离以个人为中心的宗旨。无目的的手段是盲目冒进，无手段的目的是不切实际的空想。集体主义真正实现了目的与手段的有机统一，即个人与集体互为目的和手段。集体或社会的最终目的为实现人们的共同利益，个人为集体做贡献就是为自己谋福利，而集体为个人提供更多的条件和资源，也是为了更好地维护和实现集体利益。

最后，克服个人主义只顾眼前不顾长远的行为，其最明显的特征即只见眼前利益，这样做带来了非常严重的后果，如假冒伪劣、以次充好、坑蒙拐骗，甚至不惜铤而走险、违法乱纪等，道德约束显然已经形同虚设。任何思想阵地，集体主义不去占领，那么个人主义、功利主义、享乐主义就会趁虚而入。解决这种短视行为的危害，只有在建立科学合理的政治、经济、文化和法律体制的基础上，形成正确的、健康的道德标杆和价值导向。如果个人一味盲目地追求个人眼前利益的最大化，而丝毫不遵守社会道德原则与法律法规，那么就会对集体和社会的整体利益和长远利益造成极大的损害，但其后果会需要每个人共同承担。总之，集体主义消解了个人主义的种种弊端，是对个人主义的全面超越。集体主义不仅需要坚持，更需要在与个人主义的斗争中不断丰富和发展。虽然个人主义有其自身无法克服的缺陷，但是在它的发展过程中的部分有益成分，值得集体主义进行学习和借鉴。

第三节　集体主义的历史演变及其类型

一、集体主义的历史演变

整个人类社会的发展历史就是一个由低级走向高级的动态过程，作为上层建筑的集体主义思想自然也不例外，它并不是一成不变的，而是随着经济基础的发展，逐步由低级向高级不断演进。按照发展阶段可以大致划分为原始集体主义、宗法集体主义、社会主义集体主义和未来的共产主义这四个阶段。

原始集体主义是集体主义最低级或最初级的形态，它是与当时极其低下的生产力水平相适应的；我们既要肯定原始社会的集体主义，也要充分看到其缺陷，决不能脱离客观具体的历史条件而抽象地看问题。原始集体主义是人们迫于生存困境而自发形成群体团结一致以增加生存的机会，它的基础非常薄弱，而后在私有观念和私有制度的冲击下彻底瓦解。宗法集体主义可以看作其中级形式，这与中国漫长的封建社会的专制统治密切相关。但是，关于这一形态始终存在争议，因为有学者认为它不属于集体主义，而应属于整体主义或阶级利己主义。因为在封建社会的自然经济条件下，统治阶级以维护国家政权和国家利益作为其维护阶级既得利益的手段和方法。考虑到封建社会集体本身的虚幻性质，我们不能排除它属于集体主义，但它是打着宗法烙印的抽象的集体主义。社会主义集体主义是较宗法集体主义更为高级的形式，但是因为社会主义建设是一个非常漫长的历史过程，所以在中国等社会主义国家的历史时期出现了特定阶段的集体主义，这主要是指计划经济时期的传统集体主义，但它并不是社会主义集体主义必然出现的形式。这一传统集体主义曾经为维护国家统一和促进经济恢复发展等发挥过非常积极的作用，但是随着高度集中的计划经济体制的结束，传统集体主义倡导的个人对集体利益绝对服从的原则越来越不适用。现阶段我国的社会主义集体主义仍处于社会主义初级阶段的集体主义，这决定了发展和实现真正的社会主义集体主义还任重道远。未来的共产主义是集体主义的最高形式，它是自由人的联合体，每个人都可以从中获得全面而自由的发展。在这种集体主义中，人真正成为社会的主人，成为自身的主人，实现人的个性的全面解放，个人利益与集体利益真正融为一体。通过上述对集体主义演变历史的简单梳理，可以从宏观上总体地把握集体主义的发展脉络和阶段性特征，有利于我们正确认识集体主义的层次性及其本质。

二、集体主义的类型概述

在人类历史上，集体主义的历史类型是以一定的生产方式为基础而形成的。不同所有制基础上的生产方式受社会生产力水平的限制，从而使得集体主义的发展只能在既定的社会条件与历史时空中展开。

（一）自然环境的集体主义

原始社会是人类文明发展的最初阶段。在原始社会时期，由于生产力水平极其低下，人类使用着非常原始落后的生产工具，个人的力量非常有限，根本不可能与自然相抗争，人类的发展必须要完全依附于大自然。正如恩格斯提到在美洲全盛时期的氏族制度是以生产力极不发达为前提的，地广人稀且人类完全被大自然的力量所支配着。[①] 水患火灾等自然灾害频发，对原始人的生存构成了极大的威胁，加剧了生活环境的艰难，早期人类在人与自然的关系中完全处于劣势。因此，人类自发地团结聚集起来以弥补个体自身能力的不足，在群体共同生活的条件下更好地保证个体的生息繁衍，这就是在自然环境下的集体主义的生产方式和分配方式，也是当时人类能与自然抗衡的唯一选择。可见，依赖集体则生，背离集体则亡，个体脱离了当时的社会关系必然无法自保。尽管当时个体对集体仅是一种基于生存挑战的简单的依附关系，但原始的集体主义已然成了当时必不可少的道德约束。自然环境的集体主义的生存方式在根本上是由原始社会的经济基础决定的。

中华文明是现存的最为古老和悠久的文明，因而中国的原始社会也非常具有代表性，中华文明是以农耕为主的农业文明，黄河流域途经的中原地区是农耕最发达的地区，也是中华文明的发祥地，同时也是各个部族发生冲突、战乱、迁徙最集中、最频繁的地区。在自然环境下，个体都固定在某个部落并依附于这个集体而生存，因此原始集体主义只能够依靠血缘亲属制度维系，而血缘亲属制度又直接地构成了以家族为基础的氏族社会，无论是家族还是氏族皆是集体的一种形式，每一个部落成员都要以维护氏族、部落或家族的共同利益作为最高的道德要求。因此，自然条件下的农耕文明产生了与之相适应的原始集体主义形态。人类通过充分发挥集体的力量，增强了维持个体生存养育、保护后代和抵御各种自然灾害侵袭的能力，这也是人发挥主观能动性改造环境能力的体现。

人类在从蒙昧时代向文明时代过渡的过程中，一直保持着群居的集体生活，这是原始集体主义形成的基础。在原始社会的早期和中期，人们普遍实行群婚制，即以血缘关系为天然纽带的家庭形式，随后进入更为高级的普那路亚家庭，氏族制度及亲属制度就慢慢产生了。可见，氏族本身就是带有集体主义特征的社会组织，随着氏族的发展壮大继而产生了部落，最终成为了原始社会最高的社会组织。氏族内部通过禁止女系血统亲族相互通婚的禁令，极大地降低了近亲繁殖出现弱智低能有缺陷的后代的概率。推举首领的目的就是为氏族服务，但首领没有任何特权且随时都可以被撤换，而且氏族内部的成员共同劳

① 中共中央马克思恩格斯列宁斯大林著作编译局编译：《马克思恩格斯选集（第四卷）》，人民出版社，2012 年，第 110 页。

动，财产归大家共同所有，吃苦耐劳勇敢团结成为了氏族成员的必备品质。[①]在分配上，根据按需分配的原则公平分配，每个氏族成员都需要为氏族承担责任和义务，共同保卫、促进氏族发展，且人与人之间处于完全平等的地位，任何人都没有特权。恩格斯曾对此给予高度评价，赞美这种质朴的氏族制度是多么美妙，称这是“纯朴道德的高峰”。[②]恩格斯强调，基于血缘关系而形成的亲属制度，是维系原始社会自然条件下的集体主义的根本纽带。原始社会还特别重“精神生产”如图腾、巫术、壁画、音乐等，最重要的是培养氏族成员的公共意志和集体意识，任何成员都要树立与集体同在的观念，共同生产发展，防御一切危险和侵袭。自然环境下的集体主义是集体主义最初的形态，它是人们在自然环境下，迫于低下的生产力发展水平和满足人的简单生活需要而本能地依附于集体而产生的。人们团结一致，互相帮助，自由平等，任何破坏共同利益的行为都被视为大恶，在这期间的外婚制、氏族首领制和按需分配的原则都闪耀着“集体主义”的光芒。但是，原始集体主义包含着极端的狭隘性特征，即它仅在特定的界限内发挥作用，只在本氏族或本部落内部才能发挥道德约束，而一旦跨出因血缘形成的共同体，则会表现出极端的残忍和野蛮。正是因为个人对部落的无条件服从和维护，所以为被杀害的氏族同胞复仇就成为公认的使命，对本族的友爱、忠诚与对他族的血腥残暴共存于原始集体中，那时并未进化出人类的道德自觉和思想理性。[③]

（二）自然经济的集体主义

随着私有制的出现，原始社会土崩瓦解，人类存在阶级对立的社会就开始了，这也是人类社会从蒙昧不断走向文明的开始。原始共同体分崩瓦解和私有制的产生，使得原始集体主义最终走向覆灭，奴隶社会和封建社会的集体主义应运而生，并且存续了几千年。在奴隶社会和封建社会，人们告别了刀耕火种的原始生产方式，但是社会的生产力水平依旧十分有限，社会分工还很不发达，直至资本主义生产方式建立前的漫长的历史时期，自给自足的自然经济始

① 韦冬主编：《比较与争锋：集体主义与个人主义的理论、问题与实践》，中国人民大学出版社，2015 年，第 6 页。

② 中共中央马克思恩格斯列宁斯大林著作编译局编译：《马克思恩格斯选集（第四卷）》，人民出版社，2012 年，第 108～110 页。

③ 中共中央马克思恩格斯列宁斯大林著作编译局编译：《马克思恩格斯选集（第四卷）》，人民出版社，2012 年，第 98 页。

终占据统治地位，成为这一历史阶段的基本经济形态。人们进行生产的直接目的就是为了满足自身生存和发展的需要，即使有少量的产品交换，也只能作为一种补充的形式，与商品经济有着本质的区别。在阶级社会中，社会分裂为在利益上根本对立的两个阶级，分别是奴隶主与奴隶阶级对应产生的奴隶社会的整体主义，以及封建主与农民阶级对应产生的封建社会的整体主义。因此，整体主义下的“集体”存在着虚幻性。

在奴隶社会中，奴隶主阶级占有一切生产资料且占有奴隶本身，奴隶不仅受到残酷的剥削和奴役且不得不依附于奴隶主生存。在这种完全不平等的阶级关系下，产生的必然是非道德的伦理关系。奴隶私有且可以随意买卖和杀害，奴隶主阶级作为绝对的强势阶级，可以毫无顾忌地将整体主义作为维护社会等级结构和社会秩序的工具。这样的等级结构决定了奴隶社会的道德原则只能是整体主义的，而整体主义又一再强化奴隶社会的等级制度。到了封建社会，人类又向前迈进一大步，但是地主阶级与农民阶级的对立矛盾依旧不可调和。农民相比于奴隶获得了人身自由，但是缺乏生产资料和生活资料迫使他们不得不遭受地主阶级的剥削和压迫，因此，封建主义的整体主义一方面继承了奴隶社会的整体主义的精髓，即维护统治阶级森严的等级制度和利益分配关系，另一方面则形成了完备的封建道德规范体系，如“三纲”“五常”“六纪”等，这些道德规范将每个个体牢牢禁锢在封建礼教中，以“天理”灭“人欲”，以便维护统治阶级的地位和利益。①

统治阶级特别擅长使用手段蛊惑人心，把自己的利益当作社会的共同利益，以社会的名义去压制个人，一方面实行宗法的专制统治，另一方面在意识形态上极力宣扬整体主义。同时，局限于低下的生产力水平，商品生产很不发达，人们只能够简单直接地利用自然，改造自然的能力非常欠缺。人与人之间一直延续着自然的联系，只是先后出现了由氏族到家庭再到庄园、由部落到国家的社会组织的更替而已。人们之间的相互依赖、依附关系始终占据了统治地位。人们只能在狭窄的范围内进行生产和活动，个人融于家庭、血缘、宗法或狭隘地域性的种种形式的天然共同体中，这决定了统治阶级的共同利益处于绝对优先的地位。统治者找到了维护其既得利益的工具，这便是国家政权和整

① 韦冬主编：《比较与争锋：集体主义与个人主义的理论、问题与实践》，中国人民大学出版社，2015 年，第 11 页。

体主义的思想体系，这就是整体主义、宗法主义、专制主义能够长期合理存在的原因。这种整体主义有着不容抹杀的历史功绩，有力地推动了人类的生存和发展及社会文明的创造与进步。但是，它的本质是一种公开宣扬的集团利己主义、阶级利己主义，同样是一种虚假的集体主义。这样的集体既不能代表整个社会的利益，也不能代表集体中各个成员的个人利益。正如马克思曾深刻地指出："在过去的种种冒充的共同体中……由于这种共同体是一个阶级反对另一个阶级的联合，因此对于被统治的阶级来说，它不仅是完全虚幻的共同体，而且是新的桎梏。"①

（三）城邦共同体的集体主义

它主要表现在古希腊时期和古罗马时期，这也是西方集体思想的重要启蒙时期。这一时期创造了非常高的人类文明，逐步完成了从对偶制家庭向专偶制家庭的过渡，商品生产的发展促进了私有财产的产生，从而在根本上对氏族制度产生了强大的冲击。在古希腊文明的成长发展过程中，公民的权利与义务与他们占有土地资产的多少直接相关，所以古希腊阶级社会并非通过革命而是经过改革而形成的，产生了"按照居住地区来划分公民"的雅典国家，从而彻底打破了氏族时代以血缘为基础的狭隘的地域限制。同时，氏族的集体生活和生产逐渐转变为"公民家庭内的奴隶制生产"及"公民对城邦共同体的公共生活"。此时的集体主义具体表现在"公民"的内涵之中，城邦公共生活以公民身份为基础，在民主的基础和原则下进行共同体内部事务的管理和协调，公民要服从于城邦共同体，所以城邦公共生活充满了集体主义精神。但是，在城市占据绝对的统治地位的古希腊，城市周围的土地是城市的附属，而妇女、奴隶和外邦人是被排除在城邦共同体之外的，存在严重的身份不平等及奴隶制的家庭生产等缺陷。

与古希腊不同的是，古罗马是建立在军事民主制度基础之上的，通过不断地征服而最终形成的国家。古罗马彻底毁灭了血缘亲属制度，取而代之的是在地区和财产划分基础上形成的公民国家。古罗马也是由城市统治乡村，但与古希腊不同的是，它以军事征服的方式来扩大版图，但这也埋下了深深的民族矛盾，最后让古罗马彻底被摧毁了。从经济基础来看，古希腊和古罗马城邦实行

① 中共中央马克思恩格斯列宁斯大林著作编译局编译：《马克思恩格斯选集（第一卷）》，人民出版社，2012 年，第 199 页。

的公民对财产的占有制度形成于氏族解体的过程中，它是城邦共同体集体主义存在的根基。马克思曾认为城邦共同体是为公民提供保障的，生活在其中的拥有土地的劳动人民共同组成了城邦共同体，他们一致联合对外抵御侵扰，并且相互维持这种团结关系，以确保满足共同的需要及维护共同的荣誉。拥有财产权的公民联合起来形成了作为城邦共同体的公社，它是国家存在的一种初级形式，相较于氏族社会完全依据血缘亲属制度运行而言，这是一种极大的进步。但是，我们不能忽略，成为公民与拥有土地是相互制约的，没有土地所有权就不可能成为公民，不成为公民就不能获得土地所有权，作为私有者的公民背后，是大量的奴隶和妇女在从事生产和劳作，因此其本质上还是私有的和不平等的。公社最终在商业发展之后便被瓦解了，因为商业的大发展加剧了财产的集中趋势，大批的拥有小块土地的农民已经失去了其经济支撑，最后沦为无产者，使得城邦共同体集体主义失去了存在的现实基础。最终，古希腊的民主制覆灭且集体主义精神也随之消失了，而古罗马最后成了帝国。

（四）资本主义市场经济的集体主义

在自然经济条件下，人们的生产是自给自足的，相互之间仅因地域原因有简单少量的联系，所以个人同他人及社会之间的依赖关系并没有突显出来。但是，当经济发展到市场经济阶段，一切都已大不同，人们生产的直接目的是交换，每个人的生活都离不开他人的生产，每个人的生产又依赖于他人的需求，人和人之间的经济关系由商品这一媒介紧密地联系起来了。在交换过程中，交换主体双方，即商品的所有者和购买者，他们必然会为了自身利益的最大化而产生冲突，同时在这种冲突中实现对个人自由和价值、社会公正平等的追求，于是个人主义便应运而生，追求个人利益最大化，实现自身的价值，追求个性解放恰好迎合了人们的需要。但是，每个人都追求和信奉个人主义就会产生不可调和的矛盾。于是，人们逐渐认识到了个人主义泛滥的缺陷，继而开始寻求一种折中的解决方案，于是集体主义被纳入考虑范围。

卢梭认为资本主义按照他所描述的集体主义理念来发展必然可以成为和谐美好的社会。但是，不论是卢梭，还是黑格尔，他们的集体主义思想最致命的缺陷在于他们没有意识到在资本主义私有制的经济基础上，集体主义是不可能真正存在的，它只是一种被改造过的极具欺骗性和虚伪性的集体主义。这种集体主义可以说是一种因社会利益博弈而产生的集体主义，它本质上还是为维护资产阶级的利益而存在，仅仅是在资产阶级众多的个人利益相互博弈的过程中被催生出来，以调节和中和个人主义的弊端，而并不是要取个人主义而代之。

在资本主义市场经济下，资产阶级将其自身的利益美化成社会的集体利益，以此来掩盖其阶级本性并为其寻求存在的合法性，大力倡导全体社会成员服从资产阶级的国家意志。但是，极端个人主义也遭到了抵制和排斥以树立起一种能将个人自由、权利、利益和社会责任感紧密结合起来的平衡状态。所以说，这种类型的集体主义存在的价值，就是为了更好地维护和发展个人主义，以保证资产阶级的每一个人都能够在利益不受损害和侵犯的前提下，实现最大限度的发展。为了实现这一目标，资本主义国家相继推出了形形色色的制度性安排，如种类、名目繁多的社会福利，社会救济、社会保障措施，它们在很大程度上缓解了人们之间的利益紧张和矛盾冲突。

我们应该承认，政府适当干预，充分发挥国家的调控作用，的确降低了资本主义经济危机的破坏程度，也在很大程度上兼顾了社会的公平和效率。但是，资本主义私有制无法改变其虚假的集体主义本质，这种条件下的集体主义产生的直接目的是弥补个人主义的缺陷，继而规避极端个人主义的风险，确认和维护整个资产阶级的统治和利益，用资产阶级国家利益冒充的集体共同利益，必然只能以牺牲无产阶级的利益作为代价。

（五）社会主义集体主义

集体主义发展到社会主义阶段已经是比较高级的阶段，无产阶级在完成解放自己及解放全人类的宏伟目标的过程中，形成了社会主义集体主义的崇高理想，它比以往的集体主义都更具有进步性和真实性。但是，社会主义建设毕竟是一个漫长的过程，不可能一蹴而就。社会主义集体主义既包含着经典社会主义的特征，同时又是在对经典社会主义体制不断扬弃的过程中获得发展的。中国当代集体主义的产生与马克思主义在中国的传播和发展是密不可分的，它相继为中国取得社会主义革命的胜利和社会主义的建设、改革与发展奠定了坚实的思想基础，提供了科学的精神向导。社会主义集体主义以公有制作为经济基础，在其历史上产生过两种类型的集体主义，分别是传统的计划经济条件下的集体主义，以及社会主义市场经济条件下的集体主义，它们虽然不是社会主义集体主义必然会出现的形式，但是它们在特定的条件下产生，适应了社会发展的需要，发挥了比较重要的作用和影响，都为实现真正的社会主义集体主义奠定了基础和提供了条件。

传统的计划经济条件下的集体主义最早产生于苏联，它的产生、发展和灭亡与在经济上实行的高度计划的经济体制密切相关。它的基本内涵可以做如下概括：国家就是最大的集体，代表着集体的利益，集体又是个人利益的代表，所以个人只能对集体利益绝对服从，为集体利益做贡献甚至不惜牺牲一切，个人除了集体利益之外很少有独立的个人利益，所有个人利益的实现都要完全依赖于集体和国家。这与马克思、恩格斯所设想的集体主义的目的和本质是相背离的。传统的计划经济条件下的集体主义曾经对维护国家统一、民族团结和刺激经济恢复发展发挥过相当关键的作用，但是我们不能否认它的虚幻性质，也不能否认它曾带来的消极影响。

社会主义市场经济条件下的集体主义是现代类型的集体主义，但它并不满足于停留在当前，而是内在蕴含着超越现代的崇高理想。具体可以从三个方面来认识：第一，它以马克思主义的科学理论作为其理论指导和理论旗帜，以唯物史观作为其根本的世界观和方法论，以无产阶级集体主义道德作为其道德基础，以实现人的自由全面发展作为根本目标，这就决定了它能够超越传统集体主义及现代社会存在的其他类型的集体主义；第二，它克服了传统集体主义不平等不自由的根本问题，真正将个人与集体的关系建立在公正平等的基础之上，将实现自由、平等的主张作为其核心价值来遵循，反对无视个人正当权利与自由，以及强制要求个人绝对服从集体的行为；第三，它既要吸收和利用资本主义现代文明和发展的优秀成果，又要消除资本主义制度中对个人自由和全面发展的压抑和束缚，最终超越资本主义的现代发展路径，建立社会主义乃至共产主义文明。简而言之，中国的社会主义集体主义以建设共产主义为根本目的，是真正为实现人的自由全面发展而存在的。还有一点值得我们关注，即社会主义集体主义并不只是作为人们在道德领域的规范而存在的，它的影响广度和深度已经使它成为了内嵌于整个社会的经济、政治、文化之中的核心价值追求。无论是计划经济条件下的集体主义，还是社会主义市场经济条件下的集体主义，都是我们寻求并发展当代中国集体主义模式的一个阶段，经历曲折和坎坷都是在所难免的。我们在建设中国特色社会主义过程中形成的集体主义，不仅符合中国的特殊国情和发展阶段的实际要求，而且体现了鲜明的中国特色，必将发挥更为广阔深远的影响。

（六）共产主义的集体主义

共产主义是一种政治信仰或社会状态，是人类社会发展的最高阶段，是人类最美好、最理想的社会。恩格斯曾在《共产主义原理》中对共产主义的基本特征做了阐释：首先是物质财富的极大丰富，消费资料按需分配；其次是社会关系高度和谐，人们的精神境界得到极大提高；最后是每个人自由而全面的发展，人类实现从必然王国向自由王国的飞跃。通过对未来共产主义社会的理想蓝图的勾勒，我们不难发现，共产主义社会就是一个消灭私有制，消灭一切阶级对立和不平等的制度，使国家和政府等统治工具自然消亡，人们集体进行生产的文明高度发达的社会。但是，实现共产主义不可能一蹴而就，必须经历社会主义社会的不断发展，最终才能真正实现全人类的自由和解放。同时，也只有在共产主义社会，集体主义思想才能得到最充分的诠释和体现，才能彻底消除一切虚幻的、虚假的因素，真正成为高度发达的集体主义。

毋庸置疑，人是一切活动的最终目的，而实现人真正的自由全面发展就是建立共产主义的根本目标，也是集体主义思想的根本价值追求。人的自由全面发展，既包括全面发展，也包括自由发展。[①]全面发展的内涵包括两个方面，一是客观上人的社会关系的发展，二是主观上人的能力的发展；只有在共产主义社会，人才能突破一切因分工、地域、民族、个体等原因造成的障碍，才能真正形成高度开放的社会关系并全面发挥个人的才能。人的自由发展主要关注人的自由个性及相对独立性，即人既可以完全自由地发展他的全部才能，又可以在不同的领域自由地发展各种各样的能力，这是从最根本的意义上体现了人的本质。全面发展是自由发展的前提条件和根本基础，与此同时，自由发展也在很大程度上促进全面发展的实现，二者是相互依赖，不可分割的整体。在共产主义社会，人真正成为自己的主人，人本身既是手段也是目的，集体便是自由人的联合体，是真正的真实集体，个人和社会达到统一，个人利益和集体利益高度一致，每个人都能实现真正全面而自由的发展，集体主义获得最高程度的实现。

---

① 学者耿步健认为人的自由而全面发展实际上包括三个方面：人的社会关系的发展、人的能力的发展、人的自由发展。前两者构成了人的全面发展的内容，分别作为促进人的自由发展的主客观条件而存在（耿步健：《集体主义的嬗变与重构》，南京大学出版社，2012年，第290～292页）。

第二章　集体主义的思想探源

第一节　西方学者的集体思想

一、西方集体思想的发展和影响

西方社会对集体一词的表达基本上都源于古希腊的亚里士多德，有“the community”和“a group”两种，即“共同体”和“团体”，这也构成了西方对集体的两种主流的认识，此外，还有一种观点把集体等同于“市民社会”，它们都对集体内涵的界定及集体主义的产生发展有着极为重要的影响。

“共同体”概念存在已久，最早出自亚里士多德之口，他曾说：“所有城邦都是某种共同体，所有共同体都是为着某种善而建立的……”[①]可见，亚里士多德强调的共同体，主要是指代一种政治共同体。其后，古罗马的政治家和哲学家西塞罗从国家意义上使用“共同体”概念，他认为：“国家是一个民族的财产……是很多人依据一项关于正义的协议和一个为了共同利益的伙伴关系而联合起来的一个集合体。”[②]西塞罗涉及的共同体概念主要是利益共同体。但是

① 亚里士多德：《亚里士多德全集（第九卷）》，苗力田主编，中国人民大学出版社，1994年，第3页。

② 西塞罗：《国家篇；法律篇》，沈叔平、苏力译，商务印书馆，2002年，第35页。

奥古斯丁与他们不同，他是从人民的意义上使用“共同体”，将它作为一种价值共同体。康德、黑格尔、费尔巴哈等诸多哲学家，都曾对国家这个共同体进行过研究和探讨，但是一直到马克思、恩格斯才开始有了系统化的分析、研究和阐释。之后，德国的社会学家、哲学家斐迪南·滕尼斯在其著作《共同体与社会》中，将“共同体”这一概念真正上升为一种理论研究，他系统地阐述了“共同体”建立的基础和基本类型，他认为“共同体”与社会是两种不同的生存方式，将“共同体”认为是古老的、自然形成的、持久存在的且生机勃勃的有机体。[①]英国社会学家齐格蒙特·鲍曼拓展了滕尼斯的理论，他在《共同体》一书中谈到，共同体是社会中存在的、基于主客观的共同特征而组成的团体组织，它不仅包括小规模的自发组织，也包括政治组织，民族共同体和国家共同体等高层次组织。[②]随后的百余年时间，共同体概念不断得到丰富和发展。

“市民社会”理论观点比较丰富，同样可追溯至古希腊古罗马时期，而且西方的“市民社会”理论可分为古典、近代、当代三种。亚里士多德是“古典市民社会理论”的代表，他认为市民社会与城邦国家有着相同的意义，城邦是一种至善共同体，能形成非常文明道德的市民社会，能够保证每一个公民过上自由、平等的美好生活。没有公民及其政治活动，就没有城邦，没有城邦这一“政治共同体”，就不可能有“市民社会”。西塞罗在认同公民政治权利的基础上进行了创新，他认为国家应该扩大市民社会中公民的范围及其应该享有的权利，妇女、奴隶和外族人都应纳入平等公民的范畴。他还提出了“理性”“正义”两种规范，以保障市民社会的和谐。[③]可见，古典“市民社会”更偏向于“公民社会”，且尚未形成一个独立概念，与城邦、国家的概念是混为一谈的。

黑格尔和马克思主要代表了“近代市民社会”理论。黑格尔从经济学的角度入手，全面考察了市民社会形成的原因，并突破性地将市民社会与公民社会进行了区分。黑格尔认为市民社会使家庭成员相互之间变得生疏，并承认他们都是独立自主的人。[④]这种联合不是一般的随意的联合，它通过成员的需要，在保障人身和财产的法律制度前提下，在维护他们的特殊利益和公共利益的外部

---

① 滕尼斯：《共同体与社会：纯粹社会学的基本概念》，林荣远译，商务印书馆，1999年，第58～77页。

② 鲍曼：《共同体》，欧阳景根译，江苏人民出版社，2003年，序曲第1页。

③ 亚里士多德：《政治学》，吴寿彭译，商务印书馆，1997年，第7～10页。

④ 黑格尔：《法哲学原理》，范扬、张企泰译，商务印书馆，1961年，第274页。

秩序的基础之上建立起来。这里提到的“外部秩序”实际上就是指国家的调节力量。但是，客观地评价这种将国家置于市民社会之上的理论，无疑已经卷进了客观唯心主义的漩涡。马克思针对黑格尔的思想缺陷进行了批判，并提出了自己的“市民社会”理论。马克思在《德意志意识形态》一文中阐述了市民社会有广义狭义之分的观点。他认为无论是广义或狭义的市民社会，都与人类社会的特定发展时期密切相关。究竟是“以特殊的私人利益”还是“以普遍的公共利益”作为自身的存在形式是它们之间的区别，也正是这一种对立和分离，促进了市民社会和国家的产生和发展。马克思用一句话概括了市民社会和国家的关系，“不是国家制约和决定市民社会，而是市民社会制约和决定国家”[①]。由此，将这一关系提高到经济基础与上层建筑关系的高度。

当代市民社会理论的代表人物是意共领袖葛兰西和德国哲学家、社会学家哈贝马斯。葛兰西作为当代市民社会理论的开创者和奠基人，他极力反对将国家和市民社会割裂开来，他坚持认为国家是政治社会和市民社会的结合体，统治阶级行使统治权必须利用市民社会这一必备工具。[②]葛兰西的理论有利于现代国家向着“小政府大社会”的方向健康发展。哈贝马斯则强调，或多或少或自发地出现的社团、组织和运动组成了市民社会，而利益并不是市民社会的意识形态斗争的唯一关注点，各组织共同关注的问题最终会通过争论而达成共识。[③]

通过以上三种市民社会理论，我们可以清晰地看到“市民社会”这一“集体”概念的演进和发展，对我们了解集体主义历史渊源有着非常重要的作用。

“团队”理论兴起于20世纪六七十年代的日本，自此理论提出到现在，团队在全球发展中显示出了强大的生命和活力，但它至今也未有一个统一明确的定义。大致归纳一下“团队”的特征：首先，必须是一个群体，不能是单个人；其次，是他们必须为了某一共同的目标而组成，并且能充分发挥成员的作用；最后，组成的团队能够集中人力、物力、财力，获得比原组织更强的战斗力。其中，能将各个团队成员凝聚在一起的力量就是团队精神，集中地表现为顾全大局的意识、协力合作的精神和服务奉献的精神。在现实中，人们很容易

① 中共中央马克思恩格斯列宁斯大林著作编译局编译：《马克思恩格斯选集（第四卷）》，人民出版社，2012年，第202页。

② 葛兰西，《狱中札记》，曹雷雨等译，中国社会科学出版社，2000年，第167、201页。

③ 哈贝马斯：《公共领域的结构转型》，曹卫东等译，学林出版社，1999年，第21页。

将团队精神与集体主义相混同，我们非常肯定团队精神倡导“尊重个性自由和合作共赢、崇尚敬业奉献，团结互助”的积极作用，但是必须强调，团队精神的最终目的是追求特定的个人利益或小团体利益的最大化，而集体主义的目的是追求社会中全体利益的充分实现。

二、西方集体主义思想对集体主义发展的影响

个人主义是西方的主流意识形态，但这并不代表在西方文化传统中就没有集体主义的思想，同时，西方的利他主义思想和19世纪早期的法国空想社会主义都蕴含着集体主义思想，并对集体主义思想的发展起到了非常大的影响作用。

一般认为，比较早的集体主义思想来源于柏拉图。他在《理想国》中对集体主义思想进行了表述，首先把国家分为三个阶层，分别是统治阶层、武士阶层和平民阶层。其中，多数平民阶层都热衷于眼前的个人利益，因而只能处于被统治的地位；武士阶层不仅要保卫国家，而且必须服从统治阶层。但是，柏拉图鄙视个人的利益而重视联邦或国家的整体的利益，所以强调要赋予统治者至高无上的权力，把国家利益、集体利益放在首位。只有像哲学家这样最有学识、最高尚的贤人，才能最好地治理国家、救助人民，追求公民的利益而非个人利益，国家的统治者应不惜一切捍卫国家利益。尽管柏拉图的集体主义思想还存在着许多不可忽视的缺陷，但是他对国家利益、集体利益至上的强调确实是开集体主义之先河。

利他主义是与利己主义①相对立而存在的，之所以说利他主义中也包含着集体主义思想，那是因为它们都强调为他人、为社会的基本原则，重视他人利益和社会利益的价值观念。但是，利他主义不同于集体主义，它提倡个人行为要对他人有利，对自己则无明显的利益。19世纪法国哲学家、伦理学家孔德最早描述了利他主义，他不仅赞扬和歌颂那些勇于自我牺牲来为他人和社会谋利益的高尚行为，而且会以此为标准来衡量人们的行为及评价人性的美丑善恶。英国哲学家赫伯特·斯宾塞不仅提出“适者生存”来捍卫进化论，而且从生物进

① 利己主义最早的出处可能来自：西方的柏拉图的《国家篇》中，塞拉叙·马库斯的明确主张；东方的先秦杨朱学派“拔一毛而利天下不为也”的主张。利己主义是个人主义的表现形式之一，它的基本特点是以自我为中心，以个人利益作为思想、行为的原则和道德评价的标准。

化论的角度出发对利他主义思想进行研究，进一步阐明了利己与利他之间的辩证关系。人作为一种生物，首要任务必然是维持个体生命，因而肯定是执行利己主义的，但是人不能脱离集体和社会而孤立地存在和发展，并且不可避免地要同别人产生联系，甚至维护他人和社会的利益才能保证我们更好地发展，所以人又会产生利他主义。但是人和动物在利他主义上是有明显区别的，动物表现的多是一种自然属性，人对利益的追求是社会属性的。利己主义和利他主义都不能绝对化，走向任何一个极端都是错误的，最恰当的关系是相互协调，达到一种平衡与调和的状态。利他思想值得借鉴，但我们必须认识到，西方的哲学家所提倡的利他主义在某种意义上还是一种源于利己主义的资产阶级道德理论，它最大的缺陷是刻意回避了它产生的阶级基础和社会基础，而成为一种超阶级的存在。同时，利他主义并未提及个人对社会的道德责任，因此，我们决不可过分夸大利他主义的价值，而忽视它的客观局限性。

集体主义是社会主义的道德原则，空想社会主义理论又是社会主义理论的主要来源，因此研究集体主义绕不开空想社会主义的影响。空想社会主义历时三百余年，对资产阶级的个人主义、利己主义均给予了严厉的批判，蕴含着非常丰富的集体主义思想。

圣西门曾尖锐地指出，在以利己主义为主流意识形态的资本主义社会，统治阶级为维护自身利益而不择手段，残酷地剥削掠夺劳动人民的成果，最终必然会导致社会的分裂和瓦解。他提出了一整套的实业制度和在各个领域的管理制度，希望通过实业活动真正建立起一个美好的社会制度，从而彻底消灭统治阶级，人与人不再有压迫剥削，都能够和谐共处，共同享有集体的共同利益。在政治上，提倡集体领导和公开选举，国家实行议会制，领导者与人民群众是平等的，代表共同的集体利益，以提高人民的福利和待遇作为基本目标；在生产上，国家统一安排并监督私人企业的生产，彻底改变资本主义盲目生产的状况，以最大程度地满足人们的物质和精神生活需要为根本目标；在分配上，提倡个人依据自身的才能和对社会的贡献来获取相应的劳动报酬；在教育上，弘扬新道德新风尚，提倡集体主义，反对个人主义和利己主义，倡导人人自觉为大多数人服务。圣西门的理论蕴含着丰富的集体主义思想，但他寄希望于统治阶级主动帮助无产阶级建立实业制度，是注定要破灭的不切实际的幻想。傅立叶对资本主义社会的丑恶现象给予了无情的揭露和批判，他预言资本主义的经济危机不可避免，将资本主义制度视作造成贫富分化和道德败坏的万恶之源。他希望能够建立一种以“法朗吉”[1]为基层组织的社会主义社会，使之最终取代资本主义旧制度。傅立叶反对消灭私有制度决定了他的理论只能流于空想，但是建立和谐制度的构想及个人与集体利益的和谐统一都是集体主义极为宝贵的理论财富。罗伯特·欧文同样尖锐地批判了资本主义制度，认为资本主义制度是导致人们穷困的根源。他希望能够找到消灭私有制的途径，并最终建立起和谐的社会主义制度，消灭一切剥削、压迫和贫富差距。欧文主张人人都应平等地享有劳动的权利和义务，人们共同劳动而且财产公有，个人利益与集体利益达到空前的统一。欧文强调“和谐社会”的理念及个人利益与集体利益相统一的思想，为集体主义的发展提供了重要的思想来源，但他反对无产阶级的革命斗争，不主张通过革命彻底推翻资本主义制度，这一点就决定了此理论的局限性和片面性及他在实践中必然失败的宿命。

三、西方个人主义思想对集体主义的影响

个人主义在西方的悠久历史最早可以追溯到古希腊时期，当时古希腊的智者学派最早奠定了个人主义思想的基础，即认为人是万物的尺度，人的感觉是判定一切的标准。个人主义随着氏族制度和原始集体主义的瓦解而逐渐萌发，它反映了当时个人与国家的关系，即个人是国家的主体，国家是个人权利的捍卫者。后来到了古罗马时代，个人主义不但没有获得发展，反而被城邦共同体的集体主义压制。随后在西欧“黑暗的中世纪”时期宗教神学统治了一切，神是万事万物的主宰者和创造者，每个人的权利都会受到拥有至高无上权力的上帝的支配。这种蔑视人性和人的价值的精神枷锁最后被固化为宗教伦理，个人完全丧失了其独立性，个人利益得不到任何保障。

14 世纪末到 15 世纪初，西欧封建制度逐渐瓦解，资本主义生产关系开始形成。随着文艺复兴运动的兴起，资产阶级以“人文主义思想”为武器，极力反对封建神学的束缚。人们开始提倡人性解放、提倡个性自由，追求个人幸福，反对宗教禁欲。当时的人文主义思想冲破了封建神学的桎梏，但是不可避免有其历史局限性。直到资产阶级革命时期，才产生了真正具有现代意义的个

① 在“法朗吉”里，人与人之间是完全平等的，人民共同劳动共享成果，个人利益和集体利益本质上具有一致性，城乡差别、脑力和体力劳动的差别、受教育的差别等都将消失，人们可以过上真正和谐幸福的生活。

人主义，约翰·洛克、亚当·史密斯是这一时期的主要代表人物，他们分别为近代个人主义奠定了完备的政治哲学基础和经济哲学基础。哈耶克在《个人主义与经济秩序》的注释中提到个人主义一词最早是圣西门主义者创造的，并且他们同时创造出了社会主义一词，它们作为相互对立的思想而存在。[①]托克维尔在其《论美国的民主》一书中首次使用了"个人主义"，后人也是在他的启发下才将"个人主义"这一术语推广开来，用来概括当今西方资产阶级的意识形态。[②]总结概括对个人主义定义的三个关键点：一切价值以个人为中心，个人就是目的，并拥有最高价值；社会只是人实现其根本目的的手段；任何个人都在道义上平等。

不可否认，个人主义有其历史进步性，在资产阶级革命的早期，曾经在反对封建神权的专制统治方面发挥了重要作用，并且大大地促进了西方资本主义的发展。史学家德雷珀在《美国内战史》中提道："社会发展的这种令人惊叹的壮观景象恰是个人主义产生的社会结果。"[③]此外，西方个人主义非常重视维护个人自由、充分地尊重和保障个人的权益和私有财产，这极大地促进了西方资本主义经济的全面发展，并且最终确立了西方"自由、平等、博爱"的价值观。个人主义对个人利益追求的认可和张扬，使得各个经济主体的利益得到相互牵制，从而在博弈中确立契约关系、法律制度和司法程序，最终促进了西方社会近现代资本主义民主法制和社会文明的建设。

个人主义的积极作用不能抵消它本身固有的先天缺陷，西方社会内部也有很多学者对个人主义进行了各种抨击和反对，但却始终没有动摇它意识形态的主导地位，足见其仍有强大的生命力，所以我们可以扬长避短，总结西方学者反思和修正个人主义的积极成果，在完善和坚持集体主义时科学合理地予以借鉴和创新。首先，个人主义尊重个人的权利和自由，极力维护个人的利益和私有财产，这是人最基本的权利，集体主义倡导以集体利益为重，但同时也应将保障个人权利和自由作为一个基本任务。其次，西方个人主义特别强调通过法律来规范个人的权利和自由，任何人都不能超出法律的框架活动，否则必然会

① 哈耶克：《个人主义与经济秩序》，邓正来编译，上海复旦大学出版社，2012年，第16页。

② 阿列克西·德·托克维尔：《论美国的民主》，曹冬雪译，译林出版社，2019年，第178页。

③ 刘军宁等编：《自由与社群》，生活·读书·新知三联书店，1998年，第236页。

遭到法律的惩戒和制裁，我们也应充分发挥法律在集体主义发展过程中的保障作用。最后，坚持同等自由原则。每个公民都享有自由的权利，国家亦不得随意干涉，但是为了保障每个人的充分自由，必须遵循同等自由规律。个人主义中的一些积极的合理的思想，值得我们在创新发展集体主义时认真反思、学习和借鉴。

第二节　我国学者的集体思想

一、我国的集体思想产生的历史渊源

“集体主义”是到近代才作为一个概念而存在的，但是集体主义意识、思想和文化却最早可以追溯至原始社会。原始社会解体以后，人类开始进入阶级对立的社会，奴隶社会和封建社会专制统治的集体主义应运而生，并且存续了几千年。集体主义在我国之所以能够有如此悠久的历史和强大的生命，是与我国奴隶社会和封建社会的特殊经济基础、政治基础和文化环境密不可分的。

有学者认为奴隶社会和封建社会专制统治的集体主义，或称为“整体主义”，才是集体主义在历史上真正的第一种形态，因为原始社会单个人是完全依附集体而存在的，集体和个人的利益是完全统一的，不存在利益主体的分化，因而直到私有制和国家出现以后，集体利益和个人利益出现分化，集体主义才真正变得有意义起来。我国古代社会是最为典型的代表，须通过剖析我国古代社会的经济基础和上层建筑来探索集体主义在我国产生的历史渊源。

恩格斯在《反杜林论》中表述过：“人们自觉地或不自觉地，归根到底总是从他们阶级地位所依据的实际关系中——从他们进行生产和交换的经济关系中，获得自己的伦理观念。”[①]有什么样的经济基础就会产生与之相对应的上层建筑。因此，我国古代社会之所以会产生集体主义，与奴隶社会和封建社会的自然经济是不可分割的。在自然经济中，人们进行生产的目的仅仅是为了满足个人或群体的生活需要。自然经济的最大特点是自给自足，它的主要形式是农业经济和手工业经济，而家庭是最基本的生产单位。在自然经济条件下，人

① 中共中央马克思恩格斯列宁斯大林著作编译局编译：《马克思恩格斯选集（第三卷）》，人民出版社，2012 年，第 470 页。

们改造自然的能力非常薄弱，人与人之间仍是一种自然联系，这种相对落后封闭的经济形式，决定了人的依赖关系是占据统治地位的，家庭在社会运行中极端重要，社会的共同利益拥有至高无上性。古代统治阶级正是利用了人的依赖性关系，找到了维护其统治利益的工具——国家政权和整体主义的思想体系。在自然经济条件下，个体只有对其所属的共同体绝对的服从或顺从，才能被接纳，也就意味着个人利益必然会被所属的共同体利益淹没。这些共同体全为古代统治阶级所占有，他们操纵着国家政权占有社会资源，从而把个人利益歪曲捆绑成共同体利益，将“整体主义”标榜为道德原则并为统治阶级谋利正名。尽管专制统治的集体主义本质上是为维护统治阶级的利益服务的，但是“集体耕作”“休养生息”“兴修水利”“救灾扶贫”等政策，客观上确实有利于人们安居乐业，有利于创造和维护整体社会秩序的安定和统一。

我国的传统集体主义思想产生的政治渊源是古代高度集权的专制统治。因为自然经济是非常分散的，那么只有在政治上高度集权，在意识形态上倡导整体主义，才能实现政权的稳固和国家的统一安定。同时，作为君主专制统治的工具的宗法制度，也使得专制统治的集体主义成为历史发展的必然趋势。宗法制度以君主（皇帝）作为代表国家的最高权威，整个国家的所有成员都必须服从和服务于君主，服务于专制统治的集体主义政治。梁启超曾把我国古代的政治描述为家族本位的政治，在封建君主专制统治之下，个人完全依附于群体，缺乏独立性和人身自由。个人利益必须绝对服从家族和国家的利益。在此基础上产生的对君主“忠”和对父“孝”的基本道德规范，则将人们牢牢绑在专制统治的集体主义政治之中。在历史上，秦始皇通过统一六国结束了诸侯割据的分裂局面，为我国统一多民族国家的发展奠定了政治基础。秦始皇采取了一系列改革措施以巩固封建统治，大力实行中央集权制度，统一了度量衡。这些重要举措显著地加强了中央的统一管理，促进了我国大一统的形成，逐步缔造了以华夏民族为主体的中华民族。我国在两千多年的封建社会时期一直沿用并巩固和完善了中央集权制度，形成了封建集体主义的思想。但是我们必须看到封建专制的集体主义，完全变成了封建专制统治阶级压迫社会成员的工具，这是它无法克服的历史局限性。

上层建筑的政治和文化有着密切的联系，任何一个社会的文化都是为政治服务的，政治的引导直接影响着文化的性质和发展状况。我国传统集体主义文化的思想来源主要是孔子的儒家思想。儒家思想的精髓是“仁”和“礼”，“仁”指向的是人心，是孔子思想的核心，指人我关系如何处理才能达到和合的状态，“礼”则是用来规范人们的社会行为及权利义务关系。儒家思想是旨在让个人自觉融入集体之中，通过融洽处理社会关系，规范自身社会行为，达到一种和谐共处的状态。

在我国传统文化史上，“天人合一”思想对中国传统文化和价值观有着深刻影响。它强调人伦道德的本原在于天，人道不能违背天道，督促君主应顺应天意和民意。传统整体主义文化价值观的另一核心内容是“爱国主义”，要求人民忠君爱国。“忠君”是家庭关系上的“孝”在国家君臣关系上的体现，要求臣民必须对君命誓死效忠。“爱国”是因为个人的一切都与国家的前途息息相关，不仅臣民要爱国，君主也要爱国。在人与社会的关系方面，整体主义文化强调“重义轻利”的义利观，如孔子主张“义利统一”，荀子、孟子强调“先义后利、舍生取义”。个人对社会的义务远重于权利，个人利益应服从于整体利益，整体利益具有至上性。宋明理学将“义”与“利”对立起来，提出“存天理，灭人欲”，把“重义轻利”推向极端。在人与人的关系方面，专制统治集体主义提倡“五伦十教”“三纲五常”。董仲舒认为其中最重要的是“君臣、父子、夫妻”关系，明确提出“君为臣纲、父为子纲、夫为妻纲”的伦理道德要求，后又提出调整人伦关系道德的“五常”规范——仁义礼智信，这全面加强了专制社会的君主统治。

二、中国传统伦理文化与集体主义的契合

无论是历史悠久的中国封建时代的“整体主义价值观”，还是作为文化正统的儒家所推崇的群体主义，都蕴含着极为丰富的集体主义思想，为集体主义在我国的发展奠定了深厚的文化基础，产生了深远的历史影响。

国家的稳定统一促使人们形成了对国家、民族、家族的整体性概念，这也是中国的封建整体主义产生的基础。当人们处于战乱年代或国家分裂时期，个人的安危、稳定和利益得不到保障的时候，人们就会扩大或增加对国家统一的认同和期望。个体是非常脆弱而易受到威胁的，只有从属于国家和集体，个人利益才有可能得到更好的保障，加上我国封建社会中央集权的不断加强，国家至上的观念也随之不断净化。同时，中国古代伦理文化对人的影响极为重要，这其中，最重要的就是“忠”和“孝”。百善“孝”为先，子女都应该尊重、

顺从、孝敬父母，可见“孝”是占据了绝对优势的伦理道德要求。随后，“孝”逐渐发展成了“忠君”的思想，忠君即是最大的孝。可见，“孝”自家庭这个最小的集体开始，逐渐扩大到由家庭构成的家族大集体，随后再继续扩展至民族、国家等更大的集体。那么是什么将这种各个层次的集体相互连接起来的呢？答案就是封建社会的宗法制度。每个人首先是属于宗法中的一分子，个人必须依靠宗法关系获得个人的发展，宗法利益自然构成了个人的最高利益，个人在正常情况下是不能脱离宗法关系而独立的，只有在这种严密、完备的宗法制度和专制制度之下，人们才能够同自己的家庭、家族、社会相融合。任何人都不需要标榜个性和独立，也没有个人的地位，个人利益与宗法利益是捆绑在一起的，所以实现个人利益只能依靠个人履行在宗法关系中的责任与义务，甚至以自我牺牲实现宗法利益而骄傲自豪，但是，我们应认识到，虽然古代传统的“宗法主义”和“整体主义”价值观蕴含着集体主义的思想因素，对于维护国家的统一、安定、团结，反对民族和国家分裂曾起过积极的作用，同马克思主义集体主义倡导团结统一和谐的观念有着极大的相通性，但是，从客观的意义上来讲它极大地禁锢了我国古代人民的思维模式和思想观念的多样化发展，造成了人民长期普遍缺乏自我意识，缺乏创新精神和独立精神，习惯性地无条件服从集体，严重地忽视或牺牲个人利益。

儒家思想对中国文化的整体发展有着极为深刻的影响，其中，居于主导地位的群体主义与马克思主义集体主义有着极强的契合性和相似之处。顾名思义，群体主义倡导重视集体利益。在我国古代社会，个人只是以家族和血缘关系为纽带而形成的社会结构的一员，个人的前途命运在家国一体的社会模式中并不为人重视，完全依附在群体和社会上，故而“以群体为本”“以民众为本”和“以社会为本”就成了整个古代社会占主导地位的价值观。儒家文化中蕴含着丰富的集体主义思想，对我国当前集体主义的发展有着重要的作用。

首先，儒家崇尚仁爱，倡导修身、齐家、治国、平天下的思想。[①]这在实质上也是一种处理好个人与集体关系的原则，有助于营造和谐的社会氛围，如“泛爱众而亲人”“君子学道则爱人”等都体现了爱己爱人以创造良好的人际关系的目的。“仁”是孔子思想的核心，“仁者爱人”被奉为儒家最高的道德

① 《礼记》下，胡平生、张萌译注，中华书局，2017年，第1162页。

标准，强调对他人要恭敬、宽厚、信任、关心、爱护，才能同样获得别人的尊重与爱戴。孟子在孔子思想的基础上又提出“君子以仁存心，以礼存心；仁者爱人，有礼者敬人”[①]，“己所不欲，勿施于人”[②]等思想，强调要待人宽厚，富有同情心，推己及人，形成和谐友善的人际关系和群体关系。同样，孔子提出“修齐治平”则要求人们从修心养性管理自身开始，继而管理好自己的家庭和家族，最终治理好整个国家，这是一种把个人、家庭、社会和国家相结合的观点，体现出集体主义的精神，将个人利益与国家利益紧密联系在一起。

其次，崇尚“忠”“礼”“义”的儒家思想明显地体现了集体主义思想。在儒家文化里，“忠”被放在了十分重要的位置上，是儒家文化中处理人际关系的基本准则。“忠”在儒家文化中意味着要对国家、集体和社会高度忠诚，它作为在封建社会中处理个人与集体关系的重要原则而被推崇，所以才有“夫子之道，忠恕而已矣”[③]的思想。“礼”在儒家学说中代表着当时社会生活的礼仪规范，是家族、社会和国家的群体利益的体现。荀子曾说：“人无礼则不生，事无礼则不成，国家无礼则不宁。”[④]孔子也尤为重视“礼”在国家管理中的重要作用，他提倡“以礼治国”和“克己复礼为仁”[⑤]。就是要求人民的行为规范必须符合家族、群体、社会和国家的利益，在人和群体之间的关系问题上遵循“以群体为重心”的原则。

再次，“义”是社会、群体的利益的代表和象征，同时也被当作一种正义原则和道德规范，而“利”则往往是个人利益的化身，所以“重义轻利”“君子义以为上，君子有勇而无义为乱，小人有勇而无义为盗”[⑥]等思想直接为个人利益应服从于群体、集体的利益提供了重要依据。孔子非常反对“不义”的行为，所以他曾说“不义而富且贵，于我如浮云”[⑦]，“君子喻于义，小人喻于利”[⑧]，直接指出了在“义”和“利”之间应当如何取舍，任何为个人私利而背信弃义的不道德行为都是可耻的。但是，儒家并不反对人们追求个人利益，但

① 《孟子》，中华文化讲堂注译，团结出版社，2016年，第160页。
② 《论语》，陈晓芬译注，中华书局，2016年，第212页。
③ 《论语》，陈晓芬译注，中华书局，2016年，第43页。
④ 《荀子》，方勇、李波译注，中华书局，2015年，第15页。
⑤ 《论语》，陈晓芬译注，中华书局，2016年，第152页。
⑥ 《论语》，陈晓芬译注，中华书局，2016年，第243页。
⑦ 《论语》，陈晓芬译注，中华书局，2016年，第84页。
⑧ 《论语》，陈晓芬译注，中华书局，2016年，第43页。

前提是必须符合“见利思义”的要求，所以荀子曾说“先义而后利者荣，先利而后义者辱”[①]，形象地说明了个人利益和群体利益的关系问题。在大力弘扬集体主义的当前，我们仍应该强调并发展“忠”“礼”“义”的理念，对国家、集体要始终忠诚、热爱，对自身的行为习惯能加以约束和管理，使之符合社会道德规范，在二者出现矛盾时能自觉维护国家和集体的利益。

最后，“和”是儒家文化中最为重要的哲学思想，其基本理念是强调人与人及人与社会之间的和谐、协调的状态，这与集体主义的团结、统一、和谐的思想有异曲同工之妙。“和”的理念被应用于社会管理之中以有效协调处理矛盾，它被认为是管理的最高境界。孔子始终强调“和为贵”[②]的思想主张，认为它是待人处事之道，也是治理国家的基本方略。“天时不如地利，地利不如人和”[③]，强调天地万物皆为统一的整体，惟有彼此协作，和谐共处，才能实现整体利益的最大化。孔子认为一个国家的稳定与繁荣，最关键的在于财富分配是否得当，人际关系是否融洽，社会发展是否和谐。同时，“和”强调的是“和而不同”，并不是毫无差异的“同一”，否则人就会被抹掉个性。所以，一方面，要以诚信为本，宽厚待人、追求和谐；另一方面，还要求同存异，尊重个体的特殊性，但又不应发生冲突，在求异的同时仍能维持和谐的局面。

中国人之所以能深入理解、接受、选择并自觉运用马克思主义集体主义价值观，正是因为它与中国的传统价值观有相通之处，中国始终都有富饶的土壤以供集体主义思想生存和发展。在新时期，马克思主义集体主义仍然是中国人的最好选择。我们应以马克思主义理论为指导，深入挖掘中国传统文化的精髓，对有益的部分要积极汲取，批判地继承中国传统文化中有利于集体主义发展的合理成分，而对传统文化中的痼疾和缺陷要客观地看待，绝不能盲从迷信，为新时期正确践行集体主义提供有益的参考。

---

① 《荀子》，方勇、李波译注，中华书局，2015 年，第 42 页。

② 《论语》，陈晓芬译注，中华书局，2016 年，第 7 页。

③ 《孟子》，中华文化讲堂注译，团结出版社，2016 年，第 66 页。

第三节 马克思主义经典作家论集体主义

一、马克思、恩格斯论集体主义

从马克思和恩格斯的一些经典文本中可以探究到他们对集体与自由、真实集体、虚幻集体的论述，及“人学思想”对集体主义的影响等。集体主义最为核心的问题就是个人与集体或者个人与社会的关系。集体和社会都离不开个人而存在，它是由个人所组成的有机的共同体。同理，个人也绝不能离开社会而存在，人只有在社会中才能获得并保持人的本质属性。社会由不同层次、千差万别的多个集体所构成，人只有在社会中生存，保持同社会的联系，才能被赋予人的意义、本质和属性。每个人都像社会网上的一个个小结点，离开社会网的密切联系就会丧失人的本质。集体和社会与个人之间的紧密关系不言而喻，但是以往的集体主义在阐述“个人构成集体和社会”的观点时，最大的弊端就是建立在“抽象的人”的基础上。如果将人看作整体的人并加以抽象化，再去片面强调抽象的“整体的利益”，这样做只可能有利于统治阶级维护其自身既得利益，而不可能有利于广大人民，这并不符合马克思、恩格斯的本意。从这个意义上说，正确认识马克思、恩格斯“人学思想”中的个人，是正确理解个人与集体的关系与集体主义的逻辑起点和前提条件。

马克思和恩格斯最初表述集体主义思想是在《神圣家族》中。他们认为：“既然正确理解的利益是整个道德的原则，那就必须使人们的私人利益符合于全人类的利益。”[①] 他们强调的个人是自然的、现实的、社会的、全面而自由发展的个人。首先，现实的个人必须是“自然的、有生命的个人”；其次，现实的人不能是抽象的人，马克思、恩格斯认为个人必须是能够从事活动的，进行物质生产的。因此，理解和弘扬集体主义在任何时候都不能把人当作抽象的人，必须把人还原成现实的自然的人。弘扬人的社会性并不否定人的自然性，将人们追求个人利益的行为与自私自利进行简单直接的等同是完全错误的，如果再加以抽象的道德标准去评价就是错上加错。任何人都有生存和发展的需

① 中共中央马克思恩格斯列宁斯大林著作编译局编译：《马克思恩格斯文集（第一卷）》，人民出版社，2009 年，第 335 页。

要，所以，马克思、恩格斯在任何时候都不反对个人追求自身利益，更不会把这种行为看作不道德的。

人是社会的人，人的现实性本身就表明人有二重性。人的社会性是人之所以为人的根本前提，所以任何人都是社会人。社会创造了人，同时，人也在不断地生产着社会，人类组成社会才使得自然界成为人与人关系的纽带。离开社会就不可能有人的生存和发展的机会。但是还有一点常常被人们忽视，以往的集体主义只强调为他、利他，将个人变成抽象的概念，极容易陷入个人虚无主义的泥沼。马克思、恩格斯强调人在组成社会以后，并未因此而丧失其独立性，人的个性也不应该被社会淹没。人作为完整的、独立的个体，其独立性和自由个性理应受到重视，反对人的异化，反对将社会凌驾于个人之上，甚至站在个人的对立面，以社会的名义来否定个人。同样，也不能过分强调人的个性独立，马克思曾经指出个人自由只有在集体中才能实现，任何为谋求一己私利而损害他人利益的人，都不可能真正获得自由和发展。这一论述从根本上实现了集体的主体与集体的利益的辩证统一。

人应该是全面而自由发展的个人。马克思关于“人的自由”的认识，是在经历了“政治自由”和“理性自由”之后，最终达到了“劳动自由和实践自由”的新高度。恩格斯强调人的自由的获得，应该建立在人类认识自然界的必然性的基础上，而不是摆脱自然规律。马克思、恩格斯随后不断地丰富和发展了他们的思想，最终确立了“人的全面发展”的科学理论。人的全面发展不仅包括个人的全面发展和人类的全面发展，在阶级消失以前也包括群体的全面发展，亦即工人阶级的全面发展，这一阶段与我国当前的发展阶段较为吻合，尤其要强调集体的力量。人的自由和人的全面发展是紧密相关、相辅相成的。实现人的全面发展为人形成自由个性创造了条件，人的个性自由又会对人的全面发展起到极大的促进作用。人必然不可能在资本主义社会的虚幻共同体中实现自由全面发展。真正获得自由之后，人才能成为自然界的主人和人自身的主人，此时才具备了实现自由而全面发展的现实可能性。

在《德意志意识形态》中，马克思提出了与之相关的两个重要概念——虚幻共同体、真实集体。马克思认为虚幻共同体是独立于个人并作为异己的统治力量而与个人相对立的集体，只有共产主义才是真实集体的社会。马克思和恩格斯首先从个人利益和社会的共同利益之间的矛盾出发，对这类虚幻共同体进行了批判，尤其对少数统治者将个人私利包装美化成社会共同利益的现象进行了深刻的揭露。个人利益与社会利益本来应该是不存在矛盾且能达到内在一致性的，但是在所有存在着阶级和阶级剥削的社会里，由于分工及其发展，才导致了两者之间出现了严重的矛盾和冲突。这种矛盾直接反映了“人本身的活动对人来说就成为一种异己的、同他对立的力量”[①]。阶级社会的共同利益充当着统治阶级压迫剥削人民的工具，社会被异化为个人的主人，所以阶级社会必然是虚幻共同体。在资本主义社会，每个人表面上都拥有自由、平等的权利，但事实上，人们根本无法摆脱对物的依赖性，人们之间的关系完全被异化了。掩藏在人们的自由和个性背后的，便只剩下赤裸裸的物的奴役性。所以，只有当社会的共同利益能够代表每个人的利益的时候，真实集体才会存在，个人才会是社会的主人与目的。也就是说，必须消灭私有制，真实集体才能真正实现。但是，马克思对虚幻共同体是持客观评价的，他揭露了它的不合理性，同时也肯定了它存在的客观性和合理性。马克思评价虚幻共同体是资产阶级通向共产主义真实集体的前提。作为一个历史范畴，集体在不同的历史阶段有不同的表现形式，只要私有制还存在，虚幻共同体作为一种集体的形式就会客观合理地存在。不可否认的是，资产阶级的集体虽然衍生出了利己主义，但它同时也充分展现了个人发展的各种可能性；以往商品交换和人员流动的狭隘的地域、血缘等限制，随着市场经济和全球化的发展被彻底打破了。网络使人们的人际关系更复杂，交往交流更密切，极大地促进了人形成丰富的个性和全面发展的能力。总之，马克思和恩格斯认为真正的集体主义必须以真实的集体为前提，也即“自由人联合体”，只有到共产主义高级阶段才能真正建立起来，所以就目前我国的发展阶段而言，仍属于一种美好的理想。但是，我们也要看到，现在实现不了真正意义上的高级阶段的集体主义，并不妨碍我们朝着集体主义方向不断迈进。

二、列宁、斯大林论的集体主义

列宁领导并建设了世界上第一个社会主义国家，他在改革和建设的实践过程中经过大胆探索，阐发并形成了极其丰富，价值很高的思想理论，集体主义思想和理论就是其中的精华。尽管列宁并未在其著作中明确地系统地表述过集

① 中共中央马克思恩格斯列宁斯大林著作编译局编译：《马克思恩格斯选集（第一卷）》，人民出版社，2012 年，第 165 页。

体主义思想，但是集体主义价值观念始终贯穿于列宁的整个思想体系和无产阶级革命、社会主义建设的实践活动中。他不仅强调为共产主义事业而斗争是无产阶级道德的基础，还无情地批判了资产阶级的个人主义道德。他将集体主义思想作为支撑其民族自决理论、社会主义建设理论的核心价值观念，从他制定了一系列经济政策、政治政策中也能看到他对树立社会主流意识形态的重视。

列宁的民族自决权理论包含着丰富的集体主义思想和观念。民族自决权起源于十七八世纪西欧资本主义的“天赋人权”“人民主权”和“民族国家”建设思想，马克思、恩格斯对民族自决权给予了充分的肯定和支持并主张被压迫民族都应该拥有民族自决权。民族自决权理论①是列宁在马克思主义民族理论的基础之上建立起来的，列宁将这一理论应用于领导俄国实现民族独立及搞好国家建设的具体实践中。19世纪末20世纪初，列宁了解并掌握了俄国当时的民族构成现状。他在掌握非俄罗斯民族人口占全国人口多数的基本情况之后，特别强调：“在全世界，资本主义彻底战胜封建主义的时代是同民族运动联系在一起的。”②在资本主义生产关系基础上建立起来的民族国家，并不能从根本上消灭民族压迫和剥削，实现的仅仅是资产阶级的民族自决，它不顾其他民族的利益，所以是一种狭隘的民族自决。③只有实现真正的民族独立，才有可能实现民族平等及世界无产阶级大联合。列宁的民族自决理论与资产阶级民族自决有着本质区别，因为它代表和维护的是世界无产阶级整体利益和各民族的根本利益，并且强调民族自决权必须服从世界无产阶级革命的全局利益，永远无条件地使各民族的无产阶级紧密联合。倡导民族自决并不等于主张国家分裂，必须坚决反对一切民族主义。基本前提是各民族独立处理本民族事务，避免压迫

① 列宁在十月革命期间提出了以反对民族压迫和殖民统治为核心内容的民族自决思想，并把它同殖民地与附属国人民争取解放联系起来，主要包括两部分内容：一是殖民地能摆脱殖民统治，建立或恢复独立的主权国家的权利；二是指各民族国家有权不受外来干涉地决定其政治地位，自由选择适合其自身发展的社会、政治和法律制度，自由追求经济、社会及文化的发展，自由处置其自然财富和资源的权利等。中共中央马克思恩格斯列宁斯大林著作编译局编译：《列宁选集（第二卷）》，人民出版社，2012年，第373、374页。

② 中共中央马克思恩格斯列宁斯大林著作编译局编译：《列宁选集（第二卷）》，人民出版社，2012年，第370页。

③ 列宁始终秉承集体主义的价值观念，他积极倡导要彻底消灭压迫与剥削，真正实现全体无产阶级的民族自决，而不是那种所谓的“民族脱离集体”的分裂国家式的民族自决（中共中央马克思恩格斯列宁斯大林著作编译局编译：《列宁选集（第二卷）》，人民出版社，2012年，第373～374页）。

和剥削的产生，实行广泛的民主和民族融合。总而言之，列宁民族自决权理论的集体主义内涵是十分丰富的，集中地体现在三个方面：一是无产阶级利益高于统治民族利益；二是社会主义利益高于民族自决利益；三是以实现各民族无产阶级的自决、融合与团结为根本目标。

列宁强调集体主义是无产阶级道德的基本原则，在他的论著中也有多处涉及集体主义的内容。列宁认为集体主义原则是从工人阶级的生活条件及反对资本主义的实际斗争中产生出来的。工人阶级为了反对剥削和压迫，在斗争中团结起来，这为集体主义的产生创造了前提。完成共产主义建设事业需要无产阶级和人民的集体力量，所以列宁教育人们要把自己的工作和能力都贡献给共产主义事业，为人民服务的集体主义事业就是每个人的公共事业。所以，无产阶级道德的集体主义原则是建立在为巩固和建设社会主义事业而奋斗的统一基础之上的。列宁还强调应把“人人为我，我为人人”的集体主义道德灌输到群众的思想中去，逐渐变成人们的生活习惯和行为规范。同时，他还强调无产阶级政党对统一人民群众意志的核心作用，强调任何力量都丝毫不会动摇党和跟着党走的群众的团结。无产阶级的意志和纪律是集体主义形成的必要条件。集体主义是个人利益和社会集体利益相结合的，所以列宁同样重视劳动者个人的利益。他反复强调在社会主义阶段的经济条件下，必须充分重视劳动者对个人利益的关心，尤其是农民对个人利益的关心。列宁推行新经济政策，成功地将小农个人利益同集体利益、社会主义利益结合起来，号召人们为实现共产主义奋斗。

无产阶级的道德观同资产阶级的道德观在本质上是对立的，列宁提倡无产阶级的道德观，必然会积极批判资产阶级的个人主义的道德原则。他认为资产阶级的道德极力鼓吹追求个人利益，而将他人和社会的利益当作个人实现私利的手段。他深刻地揭露了个人主义的本质，表明个人主义纯粹是私有制的产物。在资本主义社会，人与人的关系无法摆脱“自私自利”的属性，个人利益和社会利益之间是对立的、分离的，存在着不可调和的矛盾。此外，列宁阐述了个人主义对社会主义的危害性，强调要坚决改造私有制的遗毒，反对利己主义和一切形式的官僚主义。

斯大林对集体主义的最大的贡献在于他最早正式提出了集体主义的概念。斯大林认为个人和集体之间、个人利益和集体利益之间，不存在不可调和的矛盾和对立。因为集体主义和社会主义一向都不曾否认过个人利益，社会主义绝对不会置个人利益于不顾。在这个基础上，斯大林倡导将个人利益与集体利益相结合，只有在社会主义社会，人们才能对个人利益获得最大的满足，才能获得唯一可靠的保证去实现个人利益。但在高度集权的“斯大林模式”下，苏联人民的个人利益却并未得到应有的保障。

三、毛泽东论集体主义

毛泽东结合中国革命和建设的具体实践，为马克思主义集体主义增添了新的内容，为中国化的马克思主义伦理道德发展做出了重要贡献。毛泽东依据历史唯物主义关于经济基础和上层建筑的关系的基本原理，明确了道德作为一种上层建筑由经济基础决定并对经济基础的发展影响重大。毛泽东在革命与建设的不同时期，从不同的角度论述了集体主义。毛泽东重点阐释的是个人利益和社会集体利益之间的关系问题，总体概括起来，他对集体主义的贡献主要体现在三个方面。

首先，集体利益高于一切，个人利益要服从整体利益，这是毛泽东始终坚持的处理个人利益和集体利益关系的原则。毛泽东强调：“共产党员无论何时何地都不应以个人利益放在第一位，而应以个人利益服从于民族的和人民群众的利益。”[①]共产党员作为人民群众中的先进分子和先进集体，更应该起到带头模范作用，时刻以民族和人民的利益为先。在国家、集体和个人的利益关系中，国家利益永远排在首位。在发生利益冲突时，个人利益要自觉服从整体利益，这不仅是毛泽东的集体主义思想的重中之重，也是集体主义的道德规范体系中最基本的道德原则和根本要求。不可忽视的是，“个人利益服从集体利益”的集体主义道德原则并不是孤立存在的，它始终都存在并发展于同个人主义道德原则的比较和斗争之中。要坚持贯彻集体主义，就必须严厉批判个人主义。所以，毛泽东反复提醒全党注意克服各种个人主义思想的滋生和蔓延。他曾严厉地批判某些人在个人和党的关系问题上存在错误，批评他们对党的尊重只停留在口头上，在实际生活和工作中却始终把个人放在第一位。个人主义把个人利益凌驾于公共利益和他人利益之上，为谋取个人利益不择手段，这种思想同集体主义是背道而驰的。如果不严厉批判个人主义，就难以坚持集体主

① 《毛泽东选集（第二卷）》，人民出版社，1991 年，第 522 页。

义，社会主义事业也会遭受损失。

其次，一切从人民的根本利益出发，“全心全意地为人民服务，一刻也不脱离群众；一切从人民的利益出发……这些就是我们的出发点”[①]。毛泽东告诫全党坚决不能从个人或小集团的利益出发，无产阶级的本质决定了我们必须坚持将人民的利益作为根本出发点。“共产党人的一切言论行动，必须以合乎最广大人民群众的最大利益，为最广大人民群众所拥护为最高标准。”[②]毛泽东对共产党人提出的最高标准就是人民群众的拥护。不为人民服务，不为百姓谋利，怎么可能得到人民的拥护呢？毛泽东还认为“能够体现工人阶级和劳动人民的整体利益，坚持一切从人民的根本利益出发”是社会主义、共产主义道德原则与一切剥削阶级的道德原则划清界限的根本表现。如果不顾及人民的根本利益，共产党必然不可能获得人民的支持和拥护。社会主义道德只有为工人阶级解放事业服务，才能成为最先进的道德。劳动者的个人利益是建立在人民的整体利益基础之上的，离开了人民的整体利益，个人利益的实现必然失去了保障。同时，人民的整体利益如果脱离了个人利益，就会成为无源之水，当劳动者的个人利益得不到实现，那么集体利益就是名存实亡。坚持个人利益服从整体利益作为基本前提，在此基础上充分满足个人正当的利益要求。

最后，坚持国家、集体和个人利益三兼顾。毛泽东在新中国成立之后就明确提出了“三兼顾”原则，即必须兼顾国家、集体和个人三个方面。集体利益和个人利益的统一是毛泽东特别强调的，他将此看作社会主义精神，并以此为标准去衡量一切言论和行动。他还明确强调要把国家、集体和个人的利益结合起来，因为国家、集体和个人的利益在我国具有高度一致性，但是不代表他们之间没有矛盾，所以正确处理和化解三者之间的矛盾，事关社会主义建设全局。[③]三兼顾原则提供了一种科学方法，用来协调好国家、集体和个人的利益关系。我国作为社会主义国家，为人民服务就是党的根本宗旨，党和国家必须代表和保护人民的根本利益。当然，我们首先应当保障国家的全局利益和长远利益，在此基础上实现集体的和个人的局部利益和眼前利益，但是二者之间必须

① 《毛泽东选集（第三卷）》，人民出版社，1991年，第1094～1095页。

② 《毛泽东选集（第三卷）》，人民出版社，1991年，第1045页。

③ 毛泽东：《关于正确处理人民内部矛盾的问题》，《中华人民共和国国务院公报》，1957年第26期，第478页。

统筹兼顾。兼顾好了才能充分调动人民的积极性，鼓足干劲参加社会建设。总之，毛泽东继承并发展了马克思主义经典作家的集体主义思想，为中国集体主义思想的发展做出了突出的贡献。

第四节　集体主义从改革开放到进入新时代

一、改革开放之后集体主义的理论发展

（一）邓小平对集体主义的贡献

邓小平顺应时代发展要求，推动了马克思主义和毛泽东的集体主义思想的进一步发展。集体主义是贯穿于邓小平思想体系始终的一个重要的组成部分，邓小平对集体主义理论发展的主要贡献可以归结为三个方面。

第一，邓小平重新阐释了集体主义，并赋予其全新的内涵和生命活力；邓小平着重论述了集体与个人、整体与局部、长远与眼前等各对利益关系的统一，强调协调各方利益时需要始终坚持根本利益一致的基本原则。邓小平曾说："在社会主义制度之下，归根结底，个人利益与集体利益是统一的……我们必须按照统筹兼顾的原则来调节各种利益的相互关系。"[①] 邓小平的重新阐释推动了集体主义的重新确立和发展。一方面，他树立起了社会主义集体主义原则，并赋予其真正的科学内涵，彻底纠正了肆意抹杀个人正当利益的"极左"错误倾向；另一方面，他强调个人利益的实现，必须以维护国家、集体利益的权威为基本前提。同时，邓小平明确了在任何时候都不能忘记保护、关怀和增进个人正当利益的必要性。

第二，邓小平果断剔除了传统集体主义的空想成分，全面增强了集体主义的指导作用和现实可操作性；此前人们提倡的集体主义，多强调"集体"而对"个人"欠缺关怀，个人的正当利益得不到尊重和保护，长期处于被压抑、被忽视的状态，结果个人发展和集体发展都受到阻碍。邓小平在改革开放之后的新时期里，在结合实际工作的基础上，有针对性地提出了对这一问题进行纠正和调整的重大措施。邓小平通过经济体制改革，真正把国家、集体和个人的利

---

① 邓小平：《邓小平文选（第二卷）》，人民出版社，1994 年，第 175 页。

益结合起来；在总结实践经验的基础上，通过下放自主权，充分调动了企业和个人的生产积极性，极大地促进了生产力的发展，为国家、集体和个人利益的增进做出了极大的贡献。在实践中取得的最大的经验，就是国家和人民的利益始终是第一位的，不能滥用自主权图谋私利，损害国家和人民的根本利益。

第三，将集体主义融入社会主义本质，使之成为坚持社会主义的内在要求。坚持集体主义是为促进生产力的解放和发展，只有充分发展生产力，才能彻底消灭贫穷、剥削和两极分化。实现"共同富裕"是一切行动的最终目的，是社会主义的本质，这是由社会主义的发展目标所决定的。共同富裕与同步富裕是完全不同的两个概念，邓小平强调的是让一部分人和地区率先富裕，然后带动和帮助落后地区的人们一起富裕。他常说："我们坚持走社会主义道路，根本目标是实现共同富裕，然而平均发展是不可能的。"①社会主义要实现的是人民的集体富裕，但是，这一目标只能通过"先富带动后富"的手段来实现。此外，邓小平还强调务必要防止出现贫富差距过分悬殊，穷的越来越穷，富的越来越富，如果出现贫富悬殊，那么社会主义就没有体现出比资本主义的优越性。富起来的人应该要尽力帮助周围的穷人，富裕的地区也应该尽力帮助贫困地区一起致富。邓小平的这些关于"集体主义"的思想，已经突破了传统的社会主义思维模式和框架，坚决摒弃并纠正了重义轻利和长期忽视个人利益的错误观念，创造性地解决了如何兼顾公平与效率的历史难题。邓小平有力地回击了那些诋毁集体主义的错误观点，鲜明地指出了贯彻落实集体主义的具体路径和措施，极大地丰富并拓展了集体主义的内涵和外延，推动了马克思主义集体主义的发展。

（二）江泽民对集体主义的贡献

江泽民担任中央领导集体的核心时，正值世界社会主义事业遭受重大挫折，传统的社会主义模式广被诟病，再加上外部环境不稳定，种种挫折极大地削弱了社会主义力量。我国国内也受到了影响，随之刮起了一股资产阶级自由化风潮，我国面临的"反和平演变"的国际压力空前强大。

江泽民多次强调集体主义的特殊作用和重要地位。江泽民在党的十三届四中全会到党的十四大期间发表了一系列的重要论述，其中有相当篇幅是对集体

① 邓小平：《邓小平文选（第三卷）》，人民出版社，1993 年，第 155 页。

主义思想道德建设的重视和倡导及对资本主义的个人主义和拜金主义等腐朽思想的警惕和抵御。正是在“既破也立”的过程中，江泽民推动了社会主义道德的进步，进一步统一了全党全国人民的思想，把各族人民的意志和信念凝聚了起来。江泽民曾特别强调过，要以马克思主义理论指导社会主义道德建设，以集体主义作为基本原则，要求做到热爱祖国、热爱社会主义、热爱人民、热爱劳动及热爱科学，其基本落脚点是社会公德、职业道德和家庭美德的建设。江泽民特别重视用党的基本理论、基本路线对广大干部和群众实施教育，尤其应该深入开展包括爱国主义、集体主义、社会主义以及艰苦创业精神在内的系列教育，使全体人民都能牢固地树立起社会主义的共同理想，努力为改革开放和现代化建设创造良好的社会环境。在《公民道德建设实施纲要》中，江泽民表明了他对加强社会主义思想道德建设的重视，正式地将集体主义作为公民道德建设的基本原则加以倡导。如果人们只讲物质利益，凡事皆与金钱挂钩，将理想和道德弃于不顾，久而久之人们就会失去共同的奋斗目标，也将丧失对行为的规范和约束。加强道德建设，不仅有利于发扬我国的优秀文化传统，也是发展社会主义先进文化的重要环节。江泽民强调要加强三个方面的教育：一是爱国主义、集体主义、社会主义和共产主义理想教育，主要是培养人们对祖国和社会主义的深厚感情和认同感；二是近代史教育、现代史教育和国情教育，旨在加深人们对祖国历史的掌握以及对当前国内外大势的了解；三是针对共产党员和共青团员要特别加强马克思主义理论教育，任何时候都要坚定共产主义立场，用马克思主义的观点去看问题和解决问题。只有使人民通过教育强烈地感受到中华民族自尊、自信、自强的精神，不断地巩固和发展人民内部关系，人与人之间倡导平等、团结、友爱、互助，坚定共产主义的崇高信念，才能使社会主义思想道德蔚然成风。

另一个重要方面是针对青少年群体提出了明确要求。江泽民特别关注青少年的思想道德状况，强调要重视引导青少年树立正确的理想、信念和世界观、人生观、价值观。青少年代表了国家的希望和民族的未来，其重要性无需赘言。但是，青少年也是最需要加强教育和引导的群体，因为他们各方面的认知能力和辨别能力还不够强，很容易受到不良思想的影响和毒害。如果任由拜金主义、享乐主义、极端个人主义等资本主义的腐朽思想蔓延，肆意地侵蚀青少年的思想，那么这将是对社会主义最致命的危险。因此，江泽民再三强调要加强对青少年的中国国情教育和爱国主义教育，要求广大青年能对自由、民主和人权形成正确的认识，然后自觉地把个人与国家的前途命运紧密联系在一起。江泽民提倡要在全社会大力宣扬爱国主义教育，大力弘扬集体主义原则，培养艰苦创业的精神，坚决抵制一切形式的极端个人主义、拜金主义和享乐主义等腐朽思想，在全社会形成共同理想和精神支柱，全面加强对干部和群众的教育和培养，自觉抵御一切腐朽思想的侵蚀。道德建设固然重要，但是只靠道德自觉远远不够，所以法治和德治必须双管齐下。江泽民认为依法治国和以德治国必须结合起来，才能为社会发展提供良好的秩序、优良的道德风尚和坚实的道德基础。缺乏健全的完善的法律法规体系，就无法为以德治国的顺利实施保驾护航。同时，江泽民还提到要把先进性和广泛性结合起来，对于一切有利于促进国家统一、民族团结，一切有利于促进经济发展和社会进步的思想都要给予支持和鼓励，唯有如此才能从根本上激发人民团结一心为中华民族的振兴而不懈努力。

（三）胡锦涛对集体主义的贡献

自党的十六大以来，胡锦涛在任期间一直对社会主义道德建设予以高度重视。2006 年 3 月 4 日，胡锦涛提出了以“八荣八耻”[①]为主要内容的社会主义荣辱观，其中就蕴含了非常丰富的集体主义意蕴，不仅在新世纪为人民群众提供了新的道德评价标准，而且为弘扬集体主义提供了更广阔的发展空间。胡锦涛曾特别指出，“要在全社会大力弘扬爱国主义、集体主义、社会主义思想”[②]。他强调要重视引导广大干部群众，尤其是青少年，培养并树立社会主义荣辱观，因为“八荣八耻”不仅结合了中华民族的传统美德和共产党的优良作风，同时将新的时代精神纳入其中，这是我们必须长期坚守的道德规范。其中倡导人们要热爱祖国、为人民服务、崇尚科学真理、诚信友爱、团结互助、遵

① “八荣八耻”是针对拜金主义、享乐主义、见利忘义、损公肥私等消极现象而提出来的，倡导全社会应该坚持以热爱祖国、服务人民、崇尚科学、辛勤劳动、团结互助、诚实守信、遵纪守法、艰苦奋斗为荣，以危害祖国、背离人民、愚昧无知、好逸恶劳、损人利己、见利忘义、违法乱纪、骄奢淫逸为耻。社会主义荣辱观坚持以为人民服务为核心，以集体主义为原则，引导人们摆正个人、集体、国家的关系，正确处理好个人与社会、竞争与协作、先富与共富、经济效益与社会效益等关系。中共中央文献研究室编：《十六大以来重要文献选编（下）》，中央文献出版社，2008 年，第 317 页。

② 中共中央文献研究室编：《十六大以来重要文献选编（下）》，中央文献出版社，2008 年，第 317 页。

纪守法以及艰苦奋斗。反之，凡是危害祖国和人民、损人利己、见利忘义、愚昧无知、违法乱纪的行为都是可耻的。社会主义“荣辱观”时时处处体现着集体主义的根本原则，尤其在社会主义市场经济日益发展的大背景下，更应该对社会主义道德有一个清醒的认识。我们一方面要肯定发展市场经济的极大优越性，同时也要正视市场经济的局限性和负面冲击。在出现不良社会风气以及滋生个人主义的初期，我们就应当积极地采取相应措施，尽力克服和抑制其对社会道德生活带来的威胁和挑战。

胡锦涛针对当时我国社会的现实道德状况概括提出了“八荣八耻”，彻底划清了是非荣辱的界限，对于热爱祖国和人民，不断完善自身，团结互助，为社会积极做贡献的人要给予鼓励和褒奖，对于那些危害、背叛祖国和人民，损人利己、见利忘义、违法乱纪的人要坚决给以严惩和约束。既要弘扬、鼓励一切真善美，又要抵制、贬斥所有假恶丑，如此才能在全社会形成良好的道德风尚，才能为构建和谐社会提供一个优良的道德环境。胡锦还特别重视道德模范的示范和榜样作用。全国道德模范是深受群众爱戴的先进人物，他们生动地体现了中华民族的可贵品质，反映了我国在社会发展过程中不断进步的时代精神，所以胡锦涛强调党和政府都要积极关心、爱护、宣传全国道德模范及其先进事迹。在社会主义道德建设过程中，大力弘扬社会公德、职业道德和家庭美德，促使人与人之间尽快实现和谐的人际关系，在全社会逐步形成“知荣辱、讲正气、促和谐”的道德风尚，为我国经济社会发展提供坚实的思想道德保障。

胡锦涛大力倡导坚持科学发展观，重视社会公平正义，积极推动和谐社会构建与和谐文化建设，这些思想无一不体现着集体主义的精神和原则。科学发展观的核心要义是“以人为本”，其根本目标就是要实现社会的全面进步和人的全面发展。“人”就是主体之本，即作为社会主体和发展力量的广大人民群众，“本”是指发展之本，实现最广大人民群众的根本利益就是社会主义国家的发展之本。胡锦涛曾强调过：“发展为了人民，发展依靠人民、发展成果由人民共享。”①胡锦涛强调“以人为本”，是要在实现广大人民的根本利益的基础上，更加关心和实现个人的多样化的利益要求和发展需求，更加尊重和保障人民的基本权利和自由，把提高人们的生活质量和幸福指数摆在更加重要的位

① 中共中央文献研究室编：《十六大以来重要文献选编（下）》，中央文献出版社，2008 年，第 600 页。

置上。“以人为本”充分地体现出了社会主义的制度优势和人文关怀，其最终的目标就是实现人的自由而全面发展，这与马克思主义集体主义价值要求完全是一致的。与此同时，还要重视弘扬中国优秀的传统文化，中国传统道德始终都关注个人的道德修养，虽然传统整体主义存在着以社会为本位而忽视个人权益和个人价值的缺陷，但绝不能因此否定其积极意义，它对集体主义氛围的形成及社会的和谐发展助益颇多。我们倡导以人为本，但绝不能走向个人主义的极端，我们要坚持以人为本，确立集体主义思想，要把自己个人的前途命运与国家和民族的未来联系起来，将自身的追求和价值实现自觉融入到国家建设和民族振兴的过程中。

二、集体主义在新时代的理论发展

习近平总书记早在福建省任职期间，就已提到要对现实情况有正确清醒的认识：“从整体上说，社会风气有了好转，但并没有根本好转；社会主义教育较为普及深入，但旧社会遗留下来的一些问题又沉渣泛起；农村思想政治工作还相当薄弱，集体主义观念有所淡化，还有相当多的文盲、科盲、法盲，迷信思想也在阻碍科学文化知识的普及和提高。”[①] 他认为解决好旧社会遗留下来的各种问题，是增强人民集体主义观念以及抓好思想政治工作的基本前提。习近平总书记强调必须要正确处理精神文明建设中“破”与“立”的关系，它们是同一个过程的两个方面，决不可偏废其一，进行集体主义教育也不例外。正面的教育和宣传能帮助人们提高思想道德水平，因为科学社会主义意识不可能自发地产生，只能通过从外部灌输进去才能奏效。“我们所讲的灌输，就是用马克思主义的立场、观点和方法去宣传群众、武装群众、教育群众。”[②] 灌输不是强行迫使人们去接受一种思想，而必须要通过一系列艰苦细致的思想工作，只有这样，才能使爱国主义和集体主义思想真正在人民心中扎根生长。但是，只“立”不“破”会令成效大打折扣。习近平总书记强调人们的社会意识和思想观念皆是源于社会实践，“唯利是图”的价值观念是资本主义社会一切罪恶的根源，所以我们发展社会主义市场经济必须严加防范市场经济的负面效应。“资产阶级极端利己主义的价值观念还不时地在毒化人们的心灵，拜金主

① 习近平：《摆脱贫困》，福建人民出版社，1992 年，第 113 页。
② 习近平：《摆脱贫困》，福建人民出版社，1992 年，第 114 页。

义还会在一些人的头脑中膨胀，社会主义初级阶段还存在商品拜物教。”[①]所以，必须对一切假、丑、恶现象给予最严厉的批判和最无情的揭露，使人们在认识这些资本主义思想的本质后，自觉地从思想上进行抵制。发展社会主义商品经济必须有意识地增强社会主义公有制经济的力量，决不能放松思想政治工作，要不断加强社会主义道德素质的培养和修炼，不断培养人们的集体主义和社会主义精神，逐步形成与现代社会发展相适应的思想观念、道德品质及生活方式，如此才可“破立结合”取得良好的建设效果。

习近平总书记始终不忘加强集体主义思想道德的宣传教育。他在文艺工作座谈会上的讲话曾强调过以传统和谐文化为灵魂的和合主义思想、集体主义、爱国主义、民本主义，是始终贯穿中华文化的主线，体现着“追求真善美”的永恒价值。习近平总书记还尤为重视“历史观、民族观、国家观以及文化观”的树立和坚持，并且要突出中国特色，对中国的历史、文化、故事、声音、形象加大宣传力度，让全世界正确地认识和了解中国。他特别强调要加强对中国人民的爱国主义、集体主义和社会主义教育，增强中国人民的自信和底气。习近平总书记的这些论述点明了中国文化强国建设和提高文化软实力的关键。[②]习近平总书记还特别重视领导干部要密切联系群众，始终坚持群众路线，警惕、防范并严厉打击官僚主义、主观主义、形式主义和极端个人主义等。[③]习近平总书记多次强调必须树立高度自觉的大局意识，自觉从大局看问题，把工作放到大局中去思考和定位，做到正确认识大局、自觉服从大局并坚决维护大局。[④]领导干部尤其要以身作则，自觉坚持党性原则，按政策规规矩矩、诚诚恳恳办实事，局部可行或有利，但全局不行的事或对大局不利的事情，坚决不能办，更不可以为了追求个人政绩而蛮干。这样的大局观正是把人民的利益和整体利益放在首位的集体主义的生动体现，是新时代家国情怀的凝练表达。习近平总书

① 习近平：《摆脱贫困》，福建人民出版社，1992 年，第 115 页。

② 习近平：《高举中国特色社会主义伟大旗帜　为全面建设社会主义现代化国家而奋斗：在中国共产党第二十次全国代表大会上的报告》，人民出版社，2022 年，第 44 ～ 46 页；习近平：《习近平谈治国理政》，外文出版社，2020 年，第 311 ～ 314 页。

③ 中共中央宣传部编：《习近平新时代中国特色社会主义思想三十讲》，学习出版社，2018 年，第 324 页；习近平：《习近平谈治国理政》，外文出版社，2020 年，第 139、502 页。

④ 习近平：《办公厅工作要做到“五个坚持”》，《思想政治工作研究》，2014 年第 8 期，第 6 ～ 7 页。

记强调对群众进行爱国主义、集体主义、社会主义等教育的过程，既是领导干部为人民办实事做好事，传达党和政府的热切关怀的过程，也是不断地增强人民群众拥护共产党的领导，拥护社会主义制度的过程，必须充分认识这项工作的重要性。

中华民族伟大复兴的中国梦的提出，可谓是集中地体现了习近平总书记对集体主义的高度重视。中华民族近代以来最伟大的梦想就是实现伟大复兴的中国梦，这是几代中国人的夙愿和期望，它代表了全体中国人民和整个中华民族的利益。中国梦具有极大的包容性，从不同的角度可以挖掘不同的科学内涵，它不仅仅是国家的梦，民族的梦，也是个人的梦，既包含着近期的目标，也包含着远大的目标。在中国共产党的领导下，中国人民已经实现了全面小康的战略目标，并在世界治理格局中发挥着越来越重要的作用，不断地贡献中国的智慧和方案。党的二十大报告明确提出“中国共产党在新时期的任务使命就是要实现第二个百年奋斗目标，以中国式现代化全面推进中华民族伟大复兴”，“到2035年基本实现社会主义现代化，到本世纪中叶把我国建成富强民主文明和谐美丽的社会主义现代化强国”[①]。要实现中华民族的伟大复兴必须依靠每一个中国人的奋斗和努力，任何人都要谨记个人的前途命运与国家的荣辱兴衰休戚相关，只有国家和民族振兴繁荣，才有每一个中华儿女的幸福生活。同时，共圆中国梦的根本目的是更好地保障个人梦的实现，决不能将二者割裂开来，我们都应为实现民族复兴尽到相应的责任，这本身也是我们个人逐梦的过程，这是集体主义价值观在新时代的发展和应用。在实现中华民族伟大复兴的过程中，习近平总书记反复强调我们不仅要培养自觉的道德认知，还要把这种认知与道德实践紧密地结合起来。只有全面树立科学的社会主义核心价值观，才能不断地净化社会风气，使那些歪风邪气无处遁形，在全社会形成良好的道德氛围和道德风尚。加强思想道德修养离不开爱国主义和集体主义教育，同样也离不开对社会公德、职业道德和家庭美德的大力倡导，双管齐下才能取得事半功倍的效果。习近平总书记大力强调集体主义的行为准则和道德规范，把集体主义当作凝聚全国人民的智慧和力量的纽带，能为实现中华民族伟大复兴的共同理想提供源源不竭的精神动力。

---

① 习近平：《高举中国特色社会主义伟大旗帜　为全面建设社会主义现代化国家而团结奋斗——在中国共产党第二十次全国代表大会上的报告》，人民出版社，2022年，第21、24页。

第三章　集体主义的历史功绩、经验总结和丰富发展

第一节　集体主义的历史功绩

一、传统集体主义形成的内在理论假设

与传统集体主义这一概念相对应的是新集体主义，之所以有这种提法主要是将两种集体主义思想区别开来。最早对传统集体主义思想进行阐述的是法国马克思主义者保尔·拉法格，他认为集体主义就是共产主义，所以集体主义与个人主义是对立的。随后，列宁对此进一步做了更深化的认识和理解。[①]所有与新集体主义相对的都可以概称为传统集体主义，甚至包括宗法集体主义，但是一概而论太过于笼统和宽泛，所以本文中的传统集体主义所指代的是狭义的传统集体主义，主要是指在新中国成立后的计划经济条件下的集体主义。传统集体主义最显著的特征，就是强调集体、国家利益的绝对权威性，从而导致个人利益在一定程度上被忽视。传统集体主义在本质上是一种整体性的集体主义或

① 列宁特别强调集体利益的极端重要性，并且着重突出了个人利益应该服从集体利益的要求。他也非常注重将个人利益与无产阶级利益、社会主义利益结合起来，在追求集体利益的同时，对个人合理利益给予肯定（中共中央马克思恩格斯列宁斯大林著作编译局编译：《列宁全集（第四十二卷）》，人民出版社，2017 年，第 201～202 页）。

者说是国家集体主义，那么，这种集体主义是基于什么样的内在理论假设而形成的呢？

第一，社会主义国家是具有至善性的集体，这一假设决定了国家和集体的一致性。国家是广大人民的国家，集体也是广大人民的集体，国家是最高最大的集体，国家利益自然就是集体利益，国家始终被认为是人们共同利益的唯一代表，因此国家利益就是个人利益的总和，二者具有完全的统一性。国家的绝对权威是不容挑战的，人们的个人利益在国家利益面前必须绝对服从和让步。社会主义国家被当作一个至善的政治共同体，其特征就是全心全意为广大劳动人民服务，因此人民为国家奉献为国家牺牲就是个人利益的最大化，除国家至高无上的利益之外，很少提及个人自身的利益。但集体与国家不能混淆，因为集体内部是以平等关系为基础，通过组织权威以及成员共同遵守规则来维系，集体意志与组成它的个人意志并非绝对统一关系，其基本特征是利益共享、个体意志相对自由和遵循一般共同行为规则等。因此，在社会主义初级阶段，国家利益不能完全代表集体利益，集体利益和个人利益之间也不可能实现真正的完全一致。传统集体主义的弊端就是它对集体主义的误解导致了国家利益、集体利益对个人利益的压制。

第二，人民、社会和国家意志和利益的绝对统一。首先，在传统集体主义的观念中，国家不仅代表着集体，还代表着社会，社会并没有独立的概念，国家与社会之间并不存在明显的界限，所以国家就等于社会，那么国家利益也自然可以与社会利益达到统一。事实上，国家作为一个政治组织，它的主要职责是管理、调节和控制社会关系及社会活动，它是作为整个社会中的一个相对独立的社会主体，但并不能囊括所有的社会主体，所以国家不能代表社会的全部。传统集体主义认为社会利益与个人利益可以无条件地统一起来。前面已经论及，社会主义国家被假定成一个至善共同体，它的存在就是全心全意为人民服务的，它是社会利益的代表者和维护者，社会利益是由个人利益构成的，那么国家自然也是个人利益的代表者和维护者，由此推断，社会利益与个人利益之间并不存在任何实质性的区别和矛盾，它们自然可以统一起来，个人为国家利益奋斗就是为社会利益奋斗，为社会利益奉献就是为个人利益奉献，社会利益与个人利益经由国家这一媒介统一起来，所有人都以为社会主义国家的建设做贡献作为最高利益。最后，个人、社会和国家意志和利益的绝对统一性。国家是阶级矛盾不可调和的产物，它作为阶级意志和利益代表，不可能与社会和人民的意志和利益完全不发生矛盾。从这一点也可以说明，传统集体主义并不作为一种真正的社会道德原则而存在，而主要作为一种在国家名义下的政治原则和政治价值行为规范而发挥作用。马克思、恩格斯早就揭示过，人只有在真实的集体中，才能够获得其全面发展的条件及个人自由。

二、传统集体主义的重要作用

在我国，传统集体主义主要指的是新中国成立后至改革开放前，在实行计划经济体制下的集体主义思想，它着重强调集体和国家利益的权威性和至上性，个人利益对集体和国家利益无条件的服从，这必然导致集体利益高于一切，而忽视对个人利益的重视和实现。这种对集体主义的理解是存在不足的。但是，我们必须认识到传统集体主义的积极价值和贡献。在此期间，传统集体主义曾为促进无产阶级革命和建设发挥过非常积极的作用，不仅对我国维护国家的安全和统一，保障经济迅速恢复发展，巩固民族团结和凝聚民族力量发挥了非常重要的影响，而且对整个国际共产主义运动的发展影响深远，具体有以下几个方面的表现。

第一，有力地维护了国家安全和统一。集体主义文化使中华民族形成了一个血脉相通的共同体，对中国社会的发展走向起到过积极而重大的引领作用。集体主义文化总是能使全国上下万众一心，坚决同一切分裂和侵略势力作斗争，有力地维护了多民族国家的统一和完整，使得璀璨的中华文明得以延续。

中国社会自晚清时起，就因清政府的腐败无能和列强的坚船利炮而处于内忧外患的困境之中，直至封建统治彻底崩溃。辛亥革命后出现的军阀混战又进一步加剧了中央权力的衰败，中国的和平、统一和领土完整均遭受了严重的威胁。中国人民经历了十四年全面抗战后，向全世界庄严宣告中华人民共和国成立，中国人民真正站起来了。从此，中国告别了被欺凌压迫的屈辱岁月，开辟了历史新纪元，踏上了促进中华民族伟大复兴的历史新征程。

新中国成立后面临着极大的内部困难和外部威胁，最紧要的问题就是维护国家的安全和统一并尽快恢复国民经济，从而使一穷二白的中国真正独立强大起来。共产党领导的中央政府，内抓稳定团结、外御西方强敌，集中力量发展生产力，通过加强集体主义的思想教育，使人民积极投入到各种集体生活和生产活动之中，彻底结束了全国一盘散沙的无序状态，有力地维护了统一的多民族国家的生存与发展。高度集中的计划经济体制在全国范围内建立起来，它使每一个社会成员都拥有了特定的身份，严格的户籍制度极大地维护了社会秩序的安定团结。整个社会都由国家统一按照计划进行生产和建设，举全国人民之力，积极地开展工业化建设，迅速初步建立起较为完整的国民经济体系。我们不否认计划经济体制随着生产力的发展呈现出各种弊端，传统集体主义在一定程度上束缚了人的个性和创造力，但是它在特定时期激发了人们的集体归属感和荣誉感，极大地鼓舞振奋人心，使得全国上下凝心聚力，对我国能够维持国家统一、安定团结，抵抗住国际压力起到了至关重要的作用。因此，传统集体主义的重要功绩我们必须给予充分肯定。

第二，保障经济快速恢复和发展。新中国成立之初，我国因连年战争耗散了国家的经济实力，整个国家处于百废待兴的状态。5 亿多人口中有 90% 是农民，农业则饱受战乱之苦和自然灾害的严重影响，生产力十分落后，远远不能解决农民的温饱问题，小农经济的局限性决定了农业无法为工业发展提供稳定的原料供给；我国人口众多，工业基础十分薄弱，自主生产能力有限，几乎所有产品都严重依靠进口，加之帝国主义国家的经济封锁，使得国民经济的发展更为艰难。

总体上看，新中国一方面亟需恢复和发展国民经济，另一方面又十分缺乏经济建设和社会管理的经验，严峻复杂的国际形势使得新中国面临的压力空前。直至土地改革完成以后，彻底解决了农民的土地问题，极大地释放了农村和农业的生产潜力，人们的生产积极性空前高涨，新中国建设才真正打开了新局面。中国的核心问题是农民问题，而农民最关心的是土地问题。因此，土地问题解决好是获得农民支持的首要前提，而只有得到农民的鼎力支持，才能从真正意义上把全体人民都调动起来投入生产建设。尽管新中国成立初期困难重重，但是当时中国人民的建设热情极其高涨，对提高落后的生活水平的愿望极其强烈，这样的凝聚力和向心力是我国恢复和发展国民经济的重要优势。国强则民富，客观的历史条件迫使人们必须集中力量建设国家，尤其是在苏联实行高度集中的经济体制获得重大发展成就的鼓舞下，全国人民众志成城搞建设，促发展，扬国威。国家能够打破一盘散沙的被动局面，汇集全国各族人民的智慧和力量全情投入生产建设，极大地促进了国民经济的恢复和发展，是集体主义不可磨灭的历史功绩。传统集体主义强调国家利益和集体利益的优先性，强调个人利益对集体和国家利益的绝对服从，人人积极为国家、为集体、为社会做贡献，吃大锅饭穿百家衣，人们很少有自己的个人私利，不计较个人的利害得失，一切皆以国家利益为最高标准，哪里有需要就到哪里去。传统集体主义客观上为我国有效地实行计划经济体制提供了意识形态的保障和强有力的精神支持。正是在传统集体主义的倡导下，才能使国家做到集中力量办大事，国民经济迅速恢复发展，在航天、石油、医药、农学等众多关键领域取得重大突破，从而为我国综合国力的迅速提升打下了坚实的基础。

第三，巩固民族团结，凝聚磅礴向心力。中国是一个多民族共同融合缔造的统一国家，在自秦汉以来的两千多年的历史中，尽管经历了多次分裂战乱，但发展的主旋律始终围绕着“统一”进行。中华民族本身就是一个血肉相连、血脉相通的共同体，各族人民在长期的共同的生活、实践、融合的过程中，逐渐形成和发展了爱国主义和集体主义。团结一心、爱国奉献的道德品格和价值取向，是广大中国人民都能深切感受和高度认同的。毛泽东同志在战争年代就对自私自利和贪污腐化等不良作风给予严厉批评，并赞扬克己奉公、爱国团结、大公无私、埋头苦干的进取精神，新中国成立后又多次强调人民应该始终保持革命精神和爱国热情，其实质也就是宣扬集体主义，鼓舞民心，凝聚力量。传统集体主义虽然对集体主义的理解存在一定程度的不足，让人产生了集体主义只注重和保护国家和集体利益，而忽视个人利益的误解。但是，在当时的国际国内背景下，传统集体主义积极倡导人们热爱祖国、关心集体，各族人民相亲相爱、互帮互助、一方有难、八方支援，人们为国家尽忠职守、无私奉献等，这在很大程度上极大地增强了人们的民族自信心和自豪感，增强了人们的政治认同感，激发了人们的爱国热情和建设热情，是我国摆脱落后，不断走向文明进步的强大动力，为保证我国的现代化建设提供了稳定的社会政治基础和精神支持。

第二节　对集体主义的经验总结、概念辨析及内涵新解

传统集体主义是在无产阶级反对资产阶级的斗争过程中，为适应社会化大生产的要求而逐步发展起来的，因此在无产阶级取得胜利后，它理所应当地成

为了社会主义国家的主流意识形态、价值取向和基本道德原则。社会主义国家的集体主义的本质，应该是强调个人利益与集体、社会、国家三者利益的一致性和统一性且坚持集体利益为上。从内容来看，主要可以概括为三个要点：首先，一切都应从无产阶级和广大人民群众的根本利益出发，坚持国家和集体的利益高于一切，个人不得危害国家和集体的利益；其次，在能够保证集体利益得到顺利实现或良好维护的基本前提下，鼓励将个人利益同集体利益结合起来，共同发展；最后，在个人与集体之间发生不可避免的利益冲突的情况下，个人利益应服从集体利益，在必要时甚至应该牺牲个人利益。可以看出，传统集体主义在内涵上非常重视无产阶级和广大劳动人民的根本利益，虽然坚持集体和国家利益的绝对至上性，但并不反对个人利益，可以说这是在对以往的一切旧道德、旧原则的积极扬弃的基础上产生的新的成果，具有十分重要的进步意义。但是，在具体的实践中，在践行集体主义的过程中，却犯了一些错误，走了一些弯路，这些都非常值得我们进行反思并总结经验。

一、对传统集体主义的经验总结

（一）个人价值和利益应给予充分重视

在自然经济时代，由于社会分工和商品交换的不发达，个人不是自由且独立的主体，必须依附于群体才能繁衍生息。因而长期以来就形成了一种“重群体而轻个人”的思想意识，个人的独立性和自主性始终处于边缘。从原始社会到奴隶社会、封建社会，随着社会的不断发展和文明的进步，人对于群体的依附性不断降低，而个体的主体地位和人的利益价值也在不断深化。集体主义顺应了历史发展和我国国情的要求，成为我国主流的价值观念和道德原则，但是在经济基础还不足够发达的阶段，一切工作的核心目标都围绕着如何实现国家和集体的利益和价值，传统集体主义思想对个人价值和利益的重视程度不够。

一味否定或忽视个人利益和价值的集体主义，如同只注重个人自由、价值和利益的个人主义一样，都是不科学的。人的社会性本质决定了人绝对不可能离开社会独立生存，人只有在社会中才能确定人之所以是人，因此，个人离不开社会，离不开集体。人们维护集体、社会、国家的利益，本质上就是为了更好地维护个人生存发展所依赖的基础。但是，人作为独立的社会主体既有共性也有个性，人不仅需要实现社会价值，也需要实现个人价值。人们在追求社会利益的最大化的同时，也应该尽可能地实现并维护好个人的正当利益。马克思主义经典作家所论及的集体主义思想，从来都不曾否定过人的个人利益和价值，相反，最注重的就是人，人才是一切活动的最终目的，最终都应该落实到促进人的自由而全面发展这一根本目标上来。

（二）集体主义应是开放发展的理论体系

传统集体主义是建立在比较落后的经济基础之上的，人们的社会关系比较简单，主要的社会联系都是建立在血缘、地缘及工作联系等相对有限的范围内，这就从根本上决定了人们对集体的认识会存在一定的局限性，以至于有部分人误将集体主义理解为小团体主义或地方主义。在改革开放前，人们对集体的认识不够清晰明确，把集体具体化成家庭、家族、生产小组、生产大队、村庄、乡镇、工厂、企业、国家等，因此，人们所理解和践行的集体主义思想及遵守的道德原则都是限定在这一活动范围内。一方面，人们非常重视承担“社会责任”，提倡对集体内的人“仁爱、友善、互帮互助”，但是人们的这种责任和义务对集体范围内和集体范围外的人则是区别对待的。另一方面，人们非常关注集体的利益，为集体的发展恪尽职守、无私奉献，但对集体之外的公共利益则缺乏足够的关注。在社会主义市场经济条件下，社会分工不断细化，市场交换日益发达，人们的流动性越来越强，最终突破国界发展到全球化，人们可以通过电子科技、通讯手段和互联网络，轻松实现全球范围内的自由快速沟通联络，彻底摆脱了血缘、地缘、职缘对社会交往的束缚和限制，人们的社会联系也更加自由开放，社会交往和互助合作更多的是在陌生人之间开展。因此，人们对集体的认识也在不断地扩展和深化，人们要爱家、爱岗、爱国，相应的要遵守家庭美德、职业道德以及社会公德，而使集体主义的道德观和价值观得以重塑，具有了更高的自由度、更广阔的普遍性和开放性。

（三）集体主义应在社会主义法律的范围内发展

当人们的生产、生活和主要的社会交往活动局限在狭隘的范围时，人们就很难把关注的重点放在社会秩序、社会公德及国家的法律法规等问题上，而是更多地关注和遵守自身所属的群体的根本利益和内部秩序。群体的利益和态度对人们的行为和思想有着根本性的影响，若某群体不关注国家利益、法律法规以及社会公共利益和秩序，那么身处其中的群体成员自然也会与这种群体保持一致的态度。如果维护群体的秩序并不需要刚性的法律法规来严加约束予以保障，就可能出现道德与法律相分离的状况。当个人利益与集体利益发生矛盾时，以简单粗暴的方式解决个人利益与集体利益的矛盾，则否定了法律的权威性和强制性。集体的概念是不断发展变化的，由于地区差异、社会阶层、城乡区别、贫富分化、多种经济成分和多种分配方式并存等因素的影响，集体利益与个人利益之间也会出现各种矛盾冲突。在这种情况下，不能一概而论地采取强制性的手段迫使个人放弃自身利益以成全和维护集体利益。社会主义市场经济是法治经济，“遵纪守法”是人追求高层次的道德境界的首要前提，绝不存在任何可以脱离法律约束的自由，道德规范也应在法律的框架下合理地发挥调节和指导作用。针对集体利益和个人利益的矛盾冲突，决不可用“强制”和“服从”的手段来解决，而应该既提倡优先实现和保障集体利益，同时要尽可能兼顾和维护个人的正当利益。

（四）集体主义的目标是实现集体和个人的双重发展

集体主义作为一种意识形态，通过思想指导和教育引导使人们从认知和情感的层面上来接纳并认同集体主义的观念，并最终自觉地形成人们的信念或信仰，在这种信念或信仰的指导下不断规范和塑造其行为。集体利益的优先性是集体主义的价值合理性所在，但是这并不代表集体利益和个人利益不会产生矛盾冲突，也不意味个人利益只能够让步妥协，集体与个人之间的关系是辩证统一，不可分割的。集体的真实性越高，集体就越能够给个人提供和谐、完善的环境和丰富充实的资源，从而集体利益和个人利益的一致性和统一性也就越高，集体利益就越全面、越普遍、越重要，个人利益就有更充分的理由服从于集体利益。这就意味着，集体和个人的共同发展程度越高，集体和个人之间的矛盾冲突就越少，个人就越能够超越对生存需求的个人满足，就越能够在集体提供的更广阔的资源中，不断向上追求，突破自身发展的局限，从而实现更高维度的对自我价值和自身利益的追求。因此，忽视个人利益从根本上违背了集体主义思想的核心目的——人的自由而全面发展。如果不重视人，则集体的存在就失去了意义，集体的存在就是为了更好地实现和保障个人的利益和价值，每个人的自由而全面发展是一切人自由全面发展的前提。由此可知，重视和保障个人的正当利益本就是集体主义的题中之义，而个人能够获得更好的发展会直接促进集体的发展，集体和个人将会具有高度的一致性，从而获得集体与个人的双重发展。

二、廓清集体主义与易混淆概念的区别

如果人们不能清楚地理解集体主义的内涵，就很难自觉树立集体主义意识和观念，那么在实践中积极贯彻集体主义也必将是纸上谈兵，不仅抓不住问题的本质和核心，反而可能产生负面的消极的影响。在现实中，人们经常容易将集体主义与很多概念相混淆，其中最为典型的就是利他主义、集权主义、整体主义、群体主义、国家主义、小团体主义等。为了廓清集体主义与易混淆概念的区别，必须在对集体主义有一个科学正确的认识的基础上，认真地逐一分析并阐述各种主义的内涵究竟是什么，它与集体主义究竟有什么本质区别，为何会造成人们的误解。

第一，利他主义。在学术上对“利他行为”的定义包括三个要点：首先，是一个人的行为对他人是有利的，否则就不可能是利他的行为；其次，这种行为对自己没有利益或者没有明显的利益，这是与利己行为截然不同的；最后，在有些情况下，它只是一种纯粹地对他人有益的无私行为。这种行为曾被社会学奠基人孔德描述成用来涵盖所有与欺骗、攻击、谋害等否定性行为相对立的一类行为，如同情、分享、救助、牺牲等。影响利他者行为的最主要的因素就是动机，但是这种行为出现的根本原因是人类的价值相关性和利益相关性。人类社会作为一个密切联系的有机整体，人与他人、社会、自然都因分工而建立形式各异的社会关系，那么他人的价值与利益自然就有机会影响到自身的价值和利益。人们的价值需要的层次越高，就越会呈现出更强的共享性和更大的兼容性，导致人们的利益需要具有更大的相关性和紧密性，从而人们就会更多更容易地具有利他的思想，表现出更多的利他行为。这种利他行为以亲缘关系、互惠关系和纯粹关系划分为三种形式。由此可知，利他行为并不一定会产生价值回报，这会降低利他行为的内在动力。所以说，只有在拥有发达的生产力、较高的道德水平的条件下，利他行为才会较多的出现，反之则越少。我们必须承认，集体主义首先是一种利他的价值取向，但是集体主义并不等同于利他主义，它的含义要比利他主义更加广泛，正如同个人主义并不等同于利己主义一样，利他主义可以作为一种较高阶段的集体主义，但在社会发展仍不充分的情况下，集体主义并不要求人们必须做出利他行为，而是坚持以不损人利己、不损公肥私为底线，其主要目的是在不损害集体利益的前提下维护自身的利益，只在出现矛盾迫不得已时才要放弃个人利益以维护和保全集体利益，所以集体

主义与利他主义不能混为一谈。

第二，集权主义、国家主义。集权主义的要点有三个：一是集中权力于某一群人，这一般是指集权者垄断政治经济大权，决定一切政策决策而形成“集权专政”，其他群体没有机会分享权力，个人更不能垄断国家的政治权利；二是国家永远排在第一位，成为集权者用来统一人心的口号，事实上还是以集权者的意志为转移的；三是动员全体人民支持唯一的政治或宗教意识形态，限制人们的言论自由。很显然，集权主义与集体主义有根本性的区别，它并不代表人民的利益，也不维护个体的合法利益，它所维护的仅仅是少数人的阶级利益。但是集体主义如果运用不善，超出其本应有的合理范围，便会有滑向集权主义的危险。国家主义，顾名思义就是将国家主权置于优先地位的理论，它是发源自欧洲将君主权力始终置于优先位置的一种政治传统，但是它的最终形成还是在东方。无论是东方还是西方，国家主义都是具有两面性的，既有好的积极的国家主义，也包括坏的消极的国家主义。好的国家主义既强调了国家权威，体现了国家形象，也反映了人民的利益和需求；同时，对权贵集团的不合理的利益诉求进行遏制，以确保全体人民的权利和利益神圣不可侵犯。但是，坏的国家主义则正好相反，人民的利益总是被国家利益抹杀和掩盖。好的国家主义与坏的国家主义在本质上就是截然相反的，即使是好的国家主义，仍然是把国家摆在第一位，而集体主义始终是把集体、社会和人民三者结合起来的。

第三，群体主义、整体主义。中国传统文化的一个显著的特点就是强调个人对群体和社会的责任，倡导个体和群体及社会之间的和谐共处。毫无疑问，任何文化价值体系都绕不开群已关系这一核心问题。儒家非常强调对群体原则的坚持，对群体秩序及合群性意义也给予了极大的关注和重视。但是，自汉代之后，宋明理学逐渐将儒家的群体原则过渡到了整体主义上来。在我国的封建社会时期，这种整体主义就是强调个体对群体要服从，尤其要完全服从于代表群体秩序的封建专制君主。这种整体主义的盛行，极大地压抑、贬斥和抹杀了个体独立性及个体价值，塑造并强化了个体较为明显的人身依附心理和性格，不利于社会向前发展。那么整体主义又有哪些具体的内涵和特征呢？整体主义是与个体主义相对立存在的立场和观点，并作为一种遏制个体主义破坏社会秩序的保守思想而发迹，内部包括激进的整体主义和温和的整体主义。激进的整体主义强调社会整体高于个体，且社会整体能够获得大于个体总和的属性和特征。温和的整体主义则把社会整体看作个体之间的一种关联的互动结构，社会只能通过个体而存在。从总体来看，我国在封建社会时期的集体主义实际上就是整体主义，封建皇权被神圣化而凌驾于个人之上并与广大个体对立，整体主义沦为统治阶级束缚、压制和奴役人民的工具。从历史的实际来看，我们不否认它对于维护国家和社会稳定起到过积极的作用，但是也必须清楚地认识其客观局限性和不合理之处。自近代以来，整体主义逐渐扩大其内涵和范围，生态整体主义兴起，更多地强调将人类作为一个整体，且强调人与自然的整体性，反对以破坏生态环境为代价谋求人类社会经济发展的短视行为，在一定的程度上有着比较积极的意义。但是，无论是群体主义还是整体主义，都是集体从“虚幻”走向“真实”的发展过程中出现的，它们有存在的合理性并且在一定阶段一定程度上做出过积极贡献，但是它们与真正的集体主义之间的鸿沟是跨越不了的。

第四，小团体主义。小团体主义本质上是一种升级版的个人主义，它比个人主义具有更大的危害性。小团体与集体是完全不同的两个概念，它们有着本质上的区别。集体主义中的“集体”是指社会整体，它由全体人民构成，并且代表全体人民实现和维护人民的根本利益，集体和个人之间的利益一致性使人民有责任和义务维护好集体利益。小团体是一种纯粹的“虚假的集体”，它只是将追求个人利益的个人主义扩大化形成了一个谋求共同利益的小圈子。小团体主义只关心自己团体的局部的短期的利益，不注重实现国家、社会的长远的整体的利益，更不可能代表人民的利益。这种只片面强调和维护自己所在的团体、组织、单位、部门、地区的利益，而不顾甚至牺牲社会整体利益，危害他人利益的行为，在现实中也会表现为地方保护主义，但其本质上都是个人主义的不同形式罢了。更为严重的是，小团体主义有着极大的欺骗性和迷惑性，它会打着集体主义的旗号，而事实上却在维护着极端狭隘的个人利益，它的蔓延容易造成脱离实际、急功近利的危险，并且还会腐蚀社会机体、导致人心涣散、败坏社会风气、造成极大的社会不稳定和不安全，对党和国家、人民的社会主义事业都有严重的危害，必须坚决打击制止。

三、对集体主义的内涵新解

对传统集体主义进行反思和总结的目的是为了提出更加全面、更加科学合理的新型集体主义思想。通过对集体主义的发展历史的梳理，对集体主义的理论基础的探索以及对中西方学者对集体主义内涵的研究概括，笔者在总结前人成果的基础上，提出了自己对于新时代的集体主义思想内涵的几点看法。

第一，集体主义是与个人主义相对立而存在的。集体主义可以从个人主义的发展中学习有益的值得借鉴的方法，但是集体主义和个人主义是两种对立的价值观和文化。个人主义始终是以“个人的价值和利益”为中心的，集体主义与之截然不同，它倡导个人应当将国家和集体的利益始终放在优先的位置上，集体利益与个人利益都兼顾，但它的底线是不能以损害国家和集体的利益来谋取个人私利。

第二，集体主义是一种人类普遍的价值追求。集体主义并不是作为社会主义的代名词而与资本主义对立，集体主义不只存在于社会主义社会，资本主义同样存在集体主义思想。集体主义思想由来已久，它与人类社会的发展息息相关，并且在不同的文化和制度的影响下会呈现出不同的层次，不同的类型和特点。在新时代，随着世界范围内各国的交往日益密切，合作进一步加深，集体主义已经逐步突破国界，被赋予了世界性意义，越来越多的国家和人民对人类命运共同体理念的认同，正体现了集体主义思想对人类发展产生的深刻影响。

第三，集体主义在中国始终应该置于马克思主义理论的指导之下，并同时体现中国的文化传统和特色。马克思主义科学理论是我们党和国家的指导思想，集体主义只有接受马克思主义理论指导，才能更充分地发挥其基本道德原则、价值核心的重要作用。任何脱离马克思主义理论指导的思想都不能保证其能够沿着社会主义的正确道路发展，集体主义也不例外，二者之间是相互促进、相互制约的。中国的集体主义就应该体现中国的文化，展现出中国特色。要将中国博大精深的优秀传统文化融入集体主义的发展之中，使之真正成为能够让中国人民更易于接受、理解、信任和践行的思想观念。

第四，集体主义的核心内涵是个人利益服从集体利益。这是集体主义与个人主义最根本的区别，也是集体主义的先进之处和重大优势。集体主义就是把集体的利益置于个人利益之上。在两种利益发生矛盾且不可调和时，理应为维护集体利益而牺牲或放弃个人利益，最低的道德底线是不得因个人私利而损害或牺牲集体利益。

第五，集体主义始终都强调集体利益与个人利益的统一。集体主义并非只重集体而轻个人，决不能将个人利益与集体利益割裂开来，向着任何一方极端地发展都是错误的。集体主义不但重视个人的正当利益，而且要在集体利益得到保障的前提下，尽可能创造有利于个人价值和利益实现的条件。只有个人的正当利益得到实现和满足，才能促使个人在维护集体利益时更有积极性和主动性。值得强调的是，只有个人的正当利益才受到尊重和保护，非正当利益不在受保护的范围内。

第六，集体主义是由低级向高级动态发展的。我们当前的努力目标是实现社会主义集体主义，这是集体主义的高级形式，而共产主义是集体主义发展的最高形式。现阶段的集体主义必须符合我国在社会主义初级阶段的基本国情，一切行动都应该以我国的基本国情作为出发点，任何超越历史发展阶段的集体主义都不适用，我们要从历史的失误中吸取足够的教训。

第七，集体主义的最终落脚点是人的自由全面发展。人是一切活动的最终目的，弘扬集体主义同样必须坚持“以人为核心”。实现人的真正自由而全面的发展是集体主义思想的根本价值追求，所以应该重视个人自由、个人利益和个人价值的实现，充分调动全体人民的积极性、主动性和自觉性。这就要求国家和社会切实地为个人提供更好的发展平台，给予个人更多的发展机会，为个人的发展提供更加便利和优越的条件。

在阐述了以上几个方面内涵之后，笔者对这种新型的集体主义做一概括总结：集体主义是一种与个人主义相对立存在的人类普遍的价值追求，其核心内涵是把集体利益放在首位且个人利益应服从集体利益，同时充分重视个人价值和个人正当利益的实现和维护，它随着人类社会的发展进步而不断地由低级向高级动态发展，以人的自由全面发展为最终落脚点。在我国，集体主义既要接受马克思主义理论的科学指导，又要体现我国的文化传统和民族特色并适应社会主义初级阶段的发展要求。此观点仅代表笔者的个人拙见，其不完善和不合理之处还有待于改进和提升。

第三节 集体主义与多元社会思潮的理论交锋

新时代的中国取得了令世界瞩目的发展成就，人们在政治、经济、文化、社会、生态、外交等各个方面的思想观念都发生了十分显著的变化，集体主义在社会主义市场经济、各种社会思潮和新媒体盛行的浪潮中，不可避免地受到了一些现实的挑战。总而言之，集体主义在当代面临的现实问题主要有两个主要方面。

一、多元社会思潮对集体主义的考验

意识形态安全是国家安全体系的主要内容。[①]意识形态关乎旗帜、关乎道路、关乎国家政治安全，这是一项极其重要的工作。如果一国的意识形态安全遭到侵害或破坏，这个国家的安全和独立就会失去保障，因此世界各国都高度重视意识形态工作。“巩固马克思主义在意识形态领域的指导地位，巩固全党全国各族人民团结奋斗的共同思想基础，是意识形态工作的根本任务。”[②]我们丝毫不能放松对意识形态的领导权、管理权和话语权，任何时候都必须将之牢牢掌握在自己手中。随着全球化的纵深发展，全人类的命运更加紧密地联系在一起，人们的思想更加丰富、活跃和多元化，但这也使得各种社会思潮伺机对集体主义等主流意识形态发起挑战。因此，当前维护主流意识形态的稳定与安全极为重要。

我国的主流意识形态一直面临着各种思潮的考验和挑战，综观学术界的研究成果并结合社会现实，目前最大的威胁集中在新自由主义、民主社会主义、三权分立、个人主义价值观盛行。[③]随着我国综合国力稳步提升，我国对外开放力度空前，站上了世界舞台，但同时，美西方敌对势力受制于“冷战思维”和“零和博弈”思想的局限性，总是以意识形态斗争的“思想交锋”配合经济竞争和军事博弈的硬实力对抗，妄图维护其世界霸权。因此，借助于科技和网络的力量，西方的各种社会思潮迅速传入我国，各种学术流派也假借学术交流探讨和思想碰撞之名发挥影响力。其中尤以极端个人主义的盛行，对集体主义

---

① “意识形态的阶级性和实践性特征决定了它是当今社会主义和资本主义两种制度斗争的主要阵地。”所以国家的整体安全必须要有意识形态的安全作为保障（田改伟：《试论我国意识形态安全》，《政治学研究》，2005 年第 1 期，第 28 页）。

② 中共中央宣传部编：《习近平新时代中国特色社会主义思想三十讲》，学习出版社，2018 年，第 213 页。

③ 很多学者都提出了自己对当前意识形态面临的各种问题的见解（陆忠伟主编：《非传统安全论》，时事出版社，2003 年，第 2 ~ 4 页；何秉孟主编：《新自由主义评析》，社会科学文献出版社，2004 年，第 3 ~ 4 页；田改伟：《西方敌对势力对我国意识形态安全的挑战》，《中共天津市委党校学报》，2008 年第 2 期，第 37 页；田改伟：《挑战与应对：邓小平意识形态安全思想研究》，中国社会科学出版社，2008 年，第 191 页）。

的威胁最大。攻击和否定集体主义的最终目的是全面挑战马克思主义的指导地位，因此我们绝对不能姑息任何一种有害的社会思潮泛滥。

近年来，历史虚无主义、教条主义、新左翼思潮等思想危害甚大，尽管这些思潮花样百出，形式各异，但是它们的共性就是极尽鼓吹自己的合理性和科学性，企图蛊惑中国实行意识形态多元化，企图动摇我国社会主义集体主义的思想基础，我们必须清楚地认识到它们伪装面具下的本质。根据社会学家彼特·伯格（Peter L. Berger）[①]的观点，可知西方文化中的个人主义基因是欧美现代化市场经济形成的一个先决条件。自启蒙运动和宗教改革开始，西方个人主义不断地宣扬其主张个人自由自主、个性解放的文化理念，这些文化理念为人们之间形成权责明确的契约关系提供了条件，最后逐步演变成制度化的现代市场经济。但是，市场经济本身不存在制度属性，它与社会主义结合后，就具有社会主义性质并且是为社会主义服务的，我们在此方面必须要克服个人主义的负面影响。西方学者内部也在探究和反省个人主义的弊端，并对极端个人主义进行严厉的批判。20 世纪美国大萧条时期，实用主义哲学家杜威就主张对极端个人主义做出修正，社群主义代表人物麦金太尔和桑德尔等学者对个人主义从理论到实践都进行了极为严厉的批判。2008 年金融危机之后，西方社会的撕裂、矛盾和无序状态再一次引发了西方学者对个人主义的信仰危机，众多学者从不同的角度批判了个人主义固有的矛盾，认为它是西方社会各种矛盾交织的主要根源。如果个人权利和自由无限放大，大公无私的牺牲奉献精神被等价交换原则取代，追名逐利甚至见利忘义都可以冠冕堂皇地大行其道，见义勇为反被诬陷讹诈，这些必然是违背社会主义的本质要求的，所以决不能允许个人主义在我国泛滥。

国外敌对势力的和平演变战略和意识形态分化战略一直以各种借口发起挑战。以美国为首的西方发达国家，在尝到了对东欧和苏联和平演变成功的甜头之后，不断以保卫民主和人权为借口，在全球范围内强势推行霸权主义，以实现其和平演变的战略图谋。近年来，西方整体发展式微，全球经济复苏缓慢，西方国家内部矛盾重重且危机不断。因此，美国及西方在硬实力无法获得突破性优势的情况下，更是将意识形态斗争作为重要武器，加紧实施文化输出和思

---

① 彼特·伯格是第二次世界大战后最重要的宗教社会学大师，他对宗教与现代化的研究影响极其深远。

想渗透。他们利用各种高科技的宣传手段，鼓吹资产阶级的伦理道德观念，宣扬个人主义，否定集体主义，提倡个性自由却鲜少提及社会道德，将追求个人最大化的价值和利益作为终极目标。在媒体如此发达的现代社会，从广播、电视、图书、电子游戏、卡通漫画、电影、电视剧到日常生活中衣食住行的方方面面，都可能会受到资产阶级文化的影响和渗透。“意识形态领域多元思想文化的交流、交融和交锋已是客观存在”[①]，我们必须加强对集体主义等主流意识形态的宣传教育，对于错误思潮要敢于亮剑，善于斗争。

二、新媒体时代媒体格局和舆论生态的深刻变化

1967 年美国人戈尔德马克率先提出“新媒体”[②]这一概念。尽管学界对新媒体至今仍然没有一个统一的定义，但是绝大部分学者都认同的观点有两个：一是互联网和手机是最重要的新媒体；二是新媒体快速、广泛又深刻地影响着人们的现代生活和工作。事实上，如李普曼、麦库姆斯、诺依曼等西方学者很早就注意到大众媒体对人们价值观念的重要影响，他们从不同的角度阐释了大众媒体是如何潜移默化地通过反复和积累，逐渐影响人们的思想以及这种影响的严重程度。这些理论对于我们今天探究新媒体时代，集体主义如何有效应对媒体格局、传播方式和舆论生态的变化有着重要的启示作用。

伴随着我国经济的飞速发展和社会的深刻改革，人们在思想观念上的活跃度和多元化显著提升。我国社会主义市场经济的快速发展导致社会结构、经济成分和生活方式都发生了显著变化，利益主体更加多元，尤其是网络的飞速发展和我国对外开放水平的提升，使得人们生活的方方面面都开始与国际接轨，加上西方发达国家的思想渗透和价值观输出，人们的思想观念日益开放、价值取向差异化增强、生活方式日新月异。我国网民从过去以年轻人为主发展为覆盖老中青幼各个年龄段和各种群体，尤其是 2019—2021 年新冠病毒感染疫情期间，线上平台获得快速发展，以手机为载体进行学习，获取信息，实现社交、开办会议等全部得以轻松实现。网络传播的便捷性、开放性和多元化特征，使

---

① 中共中央宣传部编：《习近平新时代中国特色社会主义思想三十讲》，学习出版社，2018 年，第 213 页。

② 暂时还没有统一的定义，不同的学者有不同理解。但是，新媒体主要是为了同传统媒体相区别。在新媒体中，人际传播、群体传播、大众传播三种传播类型呈现出融合趋势和一体多功能的态势，这也导致新媒介的信息传播具有高速、高质、超量、多样化、范围广等传统媒体所不具备的特征和优势。

得各种思潮容易鱼目混珠，给人们自主地选择正确的信息和价值观念造成了极大的迷惑和误导。人们越来越重视个性自由和解放，重视保护个人的合法利益，而新媒体在一定程度上会被敌对势力利用，对主流意识形态的舆论导向功能进行削弱和歪曲，因此主流媒体必须增强舆论引导作用，掌握舆情主阵地，相关部门也要进一步加强对互联网的监督和管理。

以美国为首的西方发达国家几乎对世界网络信息资源实现了垄断控制，英文资源占据了约90%的比重，他们可以凭借其垄断地位将互联网变成推行文化霸权，大肆传播资本主义意识形态的平台。①在新媒体时代，我国必须强化主流意识形态建设，增强人民对主流意识形态的广泛接纳和深切认同，不给其他有害思想抢占阵地的机会。从另一个角度而言，新媒体已经成了捍卫集体主义价值观的主战场，我们要赢得主动权就必须充分利用好新媒体这把利剑。利用新媒体更好地增强人们对集体主义的接纳和认同，客观上要求我们根据时代的要求，与时俱进地丰富发展集体主义理论。新时代的集体主义一定是以尊重、维护和发展广大人民群众的根本利益为前提的，一定是实现集体与个人利益的双重发展的。我们不仅要在理论上对错误思潮给予科学的有力的回击，也要在实践中加强正确价值观念的引领。“坚决履行和落实意识形态工作责任制……守住意识形态领域的良好态势……更好统一思想、凝魂聚力。”②

第四节　人类命运共同体理念对集体主义的丰富发展

一、人类命运共同体理念与集体主义的一致性

党的十八大首次提出了人类命运共同体的重要理念，随后，这一理念被写进联合国的主要文件。党的十九大再次呼吁世界各国人民应同心协力构建人类命运共同体，指明了世界各国之间的相互依存关系和共同奋斗的美好愿景。人

① 美国对中国的意识形态灌输，主要是以民主、自由、人权作为借口的，尤其是人权问题，中美之间已经进行过多次交锋，美国在这些问题上赤裸裸地干涉中国内政。

② 中共中央宣传部编：《习近平新时代中国特色社会主义思想三十讲》，学习出版社，2018年，第217页。

类命运共同体理念是对马克思、恩格斯的共同体思想的丰富和发展。纵观人类社会发展史，人类社会由低级向高级演进，先后经历了人依附自然的自然共同体，人对物的依赖的商品货币共同体，以及未来人的全面发展的“自由人联合体”。目前，人类展现出了利用和改造自然的强大能力，但又不得不面对人与自然、人与社会及人与人之间还存在着矛盾关系的现实。人的自由全面发展的共同体是人类真正的共同体，也是我们构建人类命运共同体的最终目标，而人类社会只有到了真正的共同体阶段才能实现人与自然、人与人及人与人之间关系的高度和谐统一。

人类命运共同体理念同集体主义都是以马克思主义的“共同体”思想作为理论基础，是在中华优秀传统文化的滋养下丰富发展的，二者之间有着相互依赖、相互促进的紧密联系。“真正的共同体”遵循真正的集体主义原则，体现了无产阶级的国际主义立场。[①] 中国梦凝聚了全体中国人民的热切盼望和接续奋斗，从根本上体现了国家、民族、社会和个人全部利益的有机统一。中国梦要靠每一个中国人去拼搏、去实现，而每一个个体也只有在为中国梦逐梦圆梦的过程中才能使自己的贡献和价值最大化。从这个意义上讲，实现中华民族伟大复兴是圆中国梦和人民梦，那么构建人类命运共同体则是中华民族立身于世界舞台，将全人类作为一个利益共同体，为促进人类文明永续发展的世界梦。中国的繁荣发展离不开世界，世界的文明进步也同样离不开中国，这与集体主义的思想内涵具有高度一致性。

人类命运共同体理念同集体主义都是根植于中国传统文化的。家国情怀涵养了集体主义，强调个人对家庭、对民族和国家的大义和认同。古往今来的爱国先驱将个人利益甚至是生死置之度外，前赴后继为维护国家利益、祖国统一和百姓安危抛头颅、洒热血。这种集体主义的价值观已经深深嵌入了中国人的心中，并且代代相传为一种精神自觉。人类命运共同体理念同样离不开中国传统文化的滋养。中国是一个地域辽阔的多民族国家，各个民族的文化相互交融，展现了中华文化强大的包容性。当今世界，虽然两种生产关系和两种社会制度还将长期并存，但人类命运共同体理念在求同存异的基础上，倡导世界各国能够和平共处、紧密合作、共建共赢，共同推进人类社会的进步和发展。不

① 陈曙光：《人类命运共同体与“真正的共同体”关系再辨》，《马克思主义与现实》，2022 年第 1 期，第 33～40 页。

同的文明各有千秋，不存在高低优劣之分，因此人类命运共同体理念主张不同文明能够相互借鉴，不追求同质化的统一标准的世界，也不主张以意识形态划界而进行排他性外交。

二、人类命运共同体理念对集体主义的丰富发展

人类命运共同体理念的内涵强调要坚持建设一个持久和平且普遍安全的世界，最根本的就是建立起各国之间的平等合作、友好互助关系。我们所处的世界仍不太平，局部地区的战争和冲突还时有发生，进入21世纪后发生的阿富汗战争、伊拉克战争、叙利亚战争、利比亚战争和俄乌战争等，给身处战争中的人民带去了巨大的灾难，给世界各国都带来巨大的连锁反应且影响深远。这就警示我们建设一个持久和平的世界任重道远，但世界各国身处地球村，是一个更广义的“集体”，各国作为其中的“个体”，一荣俱荣一损俱损，世界动荡则任何国家都不可能独善其身。世界的安全并不是靠一国维系，而是靠各国共同努力，一国的安全不能建立在威胁或者霸凌他国的基础上。霸权主义、西方中心主义和恐怖主义不得人心且已经难以为继，各国应摒弃冷战思维，树立共同合作、共享安全的全球安全观，推动形成公平正义、平等合作的国际安全格局。消除战争威胁、和平解决国际冲突、深化国家之间的安全合作将是大势所趋。

人类命运共同体理念致力于建设一个共同繁荣和开放包容的世界，最根本就是从物质财富创造和精神财富互鉴两个方面进行构建。人们从事物质生产是人类文明发展的前提条件，生产力水平的提高推动着人类社会的不断向前发展，因此，国富民强、繁荣昌盛是各国追求的共同目标。新一轮的科技革命、信息革命和产业革命正在进行，各国都要抓住这一历史机遇，转变经济发展的方式，坚持创新驱动以真正释放创造活力。各国之间虽然存在着竞争关系，都在加快科技创新步伐并抢占科技高地，但我们更要看到各国之间应该加强合作的一面，现在的新能源技术、大数据应用、医药卫生、人工智能、工业制造及航空航天等各个领域，都离不开各国紧密的合作，共创共享人类发展的新成果。建构人类命运共同体致力于实现全人类的共治共建和共享，这意味着人类必须摒弃狭隘的民族主义、大国沙文主义、西方中心主义和单边主义等有违世界人民利益的观念，真正以“多元共生、包容互荣”作为核心要义，共同面对人类发展所遇到的挑战和难题，包容各国之间的差异性，在维护民族利益的基

础上将全人类共同利益纳入各国的发展战略中去，这本身就是集体主义价值观突破国界和文化差异而站在全人类的角度上实现的内涵拓展。

人类命运共同体理念致力于建设一个清洁美丽的世界，这与中国传统文化中“天人合一”的思想不谋而合。在新时代，人类面临着共同的生态危机，如何破解生态治理难题成了各国亟需密切合作的重要议题。可以说，生态集体主义是集体主义发展到现阶段的新形态，而集体主义研究中也应纳入生态建设的必要内容，对生命共同体和生态集体主义的认识和传播也是弘扬集体主义的重要途径。生态文明建设已经成为关系到中华民族能否永续发展的重大理论和实践问题。中国式现代化目标的主要特征之一就是实现人与自然和谐共生，即生态集体主义已经成为引领生态文明建设的重要价值观，也为人类命运共同体的建设提供了价值观基础。[①] 人与自然之间的和谐关系本质上体现的是人与人之间的和谐关系，二者是紧密联系的一个整体，而人类命运共同体理念则同时具备了涵盖人与自然、人与人双重和谐的能力。人与自然的矛盾无法调和，必将会殃及人类自身，造成人与人之间的矛盾和关系紧张，而人与人之间的和谐和睦，也对缓解人与自然的矛盾起到了重要调节作用。努力构建人类命运共同体，离不开我国对国际话语权的充分掌握，而提高文化软实力正是提升话语权的重要途径。文化软实力的核心要素就是核心价值观，生态集体主义的价值观恰好契合了绿色、共享、合作、共赢的人类共同价值，有利于世界各国的普遍接受并认可，引领各国共同努力构建一个美丽新世界。

① 高聪、王明春：《浅谈集体主义与构建人类命运共同体》，《湖北经济学院学报（人文社会科学版）》，2022 年第 19 卷第 7 期，第 18～24 页。

第四章　集体主义的时代价值探索

第一节　弘扬集体主义筑牢我国意识形态安全之基

一、集体主义是我国的主流意识形态

意识形态反映了一定阶级或集团的利益和价值的取向，并成为其政治纲领、行为规范和社会思想的理论依据。马克思、恩格斯曾强调："统治阶级的思想在每一时代都是占统治地位的思想。"①占统治地位的是主流意识形态，与此对应还存在各种非主流意识形态。主流意识形态是一个社会的精神和文化支柱，承载着一个民族的精神信仰，对政治稳定、民族团结起着巨大的稳定作用。马克思主义是社会主义社会的主流意识形态，在这一点上是毋庸置疑的，而集体主义则集中地体现了马克思主义的价值诉求和思想精华。因此，在马克思主义作为主流意识形态的前提下，集体主义也是主流意识形态的一部分。新

① 中共中央马克思恩格斯列宁斯大林著作编译局编译：《马克思恩格斯选集（第一卷）》，人民出版社，2012 年，第 178 页。马克思、恩格斯认为一个阶级是社会上占统治地位的物质力量，能够支配着物质生产资料，同时也是占统治地位的精神力量，能够支配着精神生产资料。因此，占统治地位的思想就是占统治地位的物质关系在观念上的表现，为了维护他们的统治地位，他们会动用国家政权进行政治统治。

中国成立初期，马克思主义的地位得到确立并不断巩固，集体主义也广泛地得到人民群众的信仰和拥护。自改革开放以来，我国发生了翻天覆地的变化，随着对外开放的深度和广度增加，大量社会思潮涌入致使思想文化领域开始呈现多样化特征。国内外各种敌对势力虎视眈眈，新自由主义、新利己主义、拜金主义、享乐主义、历史虚无主义等花样百出，坚守主流意识形态地位必须直面地这些严峻的挑战并与之坚决斗争。

可以说，集体主义不仅是马克思主义科学思想的集中体现，也从根本上彰显了社会主义的本质。社会主义的本质归结到底就是共同富裕，社会主义社会发展靠的就是我们的社会主义政治制度优势，可以集中人力、物力、财力，凝聚人民的智慧和磅礴力量做大事，集体主义正是维护和实现广大人民群众根本利益的法宝。我们不反对个人追求自己应得的利益，但是必须以不损害集体利益为前提，如果追求个人利益是以牺牲集体、社会、国家的利益为代价的，那它就属于个人的不正当利益，就不应该得到尊重和维护。

二、弘扬集体主义有助于建设有强大引领力的社会主义意识形态

意识形态是一个社会的精神支柱。“巩固马克思主义在意识形态领域的指导地位，巩固全党全国各族人民团结奋斗的共同思想基础，是意识形态工作的根本任务。必须建设具有强大凝聚力和引领力的社会主义意识形态。”[①]马克思主义是我们立党立国的根本指导思想，我们在任何时候都应该坚定不移、毫不动摇的坚持，只有如此才能使全体人民真正从理想、信念、道德等各个方面都紧密团结起来。反之，如果一个集体缺乏信仰或思想动力，那么这个集体一定是空虚的、缺乏活力的，最终必然会分崩瓦解。对个人而言，如果没有奋斗的目标和崇高的价值追求，那么这样的生命是毫无意义的。简单地对意识形态进行划分，可分为主流和非主流两种。主流意识形态起着稳定社会秩序，凝聚人民力量，增强社会活力的作用。然而，主流意识形态的地位并非一成不变，它也可能会面临着被边缘化的危险。所以，建设主流意识形态是一个长期而艰巨的任务。任何社会的主流意识形态都必然是能获得大众认同并最终达成共识的思想和价值观。而意识形态工作能否做好，能否最大限度获得人民的支持，关键就要看政治工作到不到位，而民心就是最大的政治。中国共产党始终坚持人

① 中共中央宣传部编：《习近平新时代中国特色社会主义思想三十讲》，学习出版社，2018 年，第 213 页。

民至上，全心全意为人民服务，把提升人民福祉作为一切工作的根本追求，为了维护最广大人民的根本利益甘愿自我牺牲，是践行集体主义思想的模范，得人心顺民意才能守好江山再创辉煌。

在我国实现社会转型的过程中，利益主体多元化和社会信仰多元化的问题接踵而至。那些曾被认为是真理的价值观念，在现代社会遭到了困境。因为人作为“社会的人”，在满足了基本的物质利益需求的基础上，还有着非常复杂的情感归属的需要。主流意识形态只有与人们的这种情感需要契合时，才能获得人们的认同和信仰。网络和通信技术的突飞猛进，改变了人们的生活方式，人们在更快、更多、更便捷地获取各种信息的同时，也在不断地接受各种社会思潮的影响和渗透。当人们开始独立思考、比较和鉴别各种思想和意识形态的特点与优势的时候，加强主流意识形态的指导地位就必然要根据形势发展不断创新。做好意识形态工作的关键在党、各级党组织、我们的党员和领导干部。党员干部要起到模范带头作用，坚定政治立场，旗帜鲜明地支持正确的科学的思想和言论，坚决抵制各种错误思潮的危害。弘扬集体主义正是需要广大党员干部以集体和人民的利益为重，带头冲锋陷阵同不良的社会思潮做斗争。

意识形态领域的斗争具有极端重要性，它是敌对势力攻击我国的重要突破口，能否坚守住这块阵地直接关系到我们的社会是否安稳，我们的政权是否稳固。在现实中，我们必须清醒地认识到当前的严峻局势，“重宣传说教，轻人文关怀”的引导和传播方式，不能与时俱进且及时有效地回应人们多样化的利益诉求，不能令人信服地解释和解决当前复杂的社会问题，就不能引起人们的情感共鸣。新时代做好意识形态工作，要全面加强党对意识形态工作的领导，党要将领导权、主动权和话语权都要牢牢抓在手里，大力推动传播理念、内容、手段和方式的创新，提高新闻传播的舆论影响力，增强我国的对外话语权，以更加有力有效的方式落实好稳思想聚人心的重大工作，传播正能量并弘扬主旋律，向世界讲好中国故事。

集体主义肩负着维护社会秩序，增进民族团结和凝聚人民力量的职责，必须大力发扬集体主义，任何一种简单粗糙的概念化、说教式的宣传，都不适用于当前的中国社会。要赢取人民的信任和认同，必须首先还原集体主义的本质，真正与人民的实践和生活紧密地结合起来，使人们自觉地相信并接受集体主义思想。集体主义思想也应是不断变化的，应与时俱进地顺应时代精神的发展要求，更加体现“以人为本”的核心价值，关心人的情感，注重人的价值，并同一切有害思想做坚决的斗争。发扬集体主义有助于人们确立正确的价值观念，以此规范自己的行为，促进人与人、人与社会、人与自然都形成良好的关系，促进整个社会形成和谐、有序、稳定、团结的积极氛围，从根本上维护我国主流意识形态的安全，有助于建设有强大引领力的社会主义意识形态。

三、弘扬集体主义有助于坚持以社会主义核心价值观凝心聚力

马克思主义理论认为社会性是人的本质属性，任何个人都不能脱离社会而孤立存在，个人只有在社会中才可能获得现实性和发展。马克思主义关于社会交往的价值诉求必然绕不开集体主义，而共产主义社会恰是人类社会集体主义的最终实现。社会主义核心价值体系是集体主义在不同层次上的体现，也是基于这一理论前提的。首先，马克思主义的指导思想是核心价值体系的灵魂，而集体主义正是马克思主义的重要价值诉求。其次，核心价值体系的主题是中国特色社会主义的共同理想，共同理想包含两层含义：一来是党的十九大报告提出“把我国建设成为富强、民主、文明、和谐、美丽的社会主义现代化强国”，这是全国人民的共同愿望，集中代表了全国各族人民的利益，是保证全体人民在政治上和精神上团结一致，攻坚克难的精神武器”；二来是这一共同理想的实现，必然需要全中国各族人民，各行各业的劳动者和爱国人士的共同努力和奋斗，只有人民团结一心才能如期实现社会主义现代化强国目标。因此，共同理想本身就包含着坚持集体主义的客观要求。最后，社会主义核心价值体系的精髓是以爱国主义为核心的民族精神和以改革创新为核心的时代精神，这也正是集体主义在现阶段的基本价值诉求。爱国主义要求人民自觉遵守国家的法律法规，自觉维护民族利益和国家尊严，正确处理好国家、民族的利益与个体利益之间的关系，就是要把集体主义真正融入到践行爱国主义的实践中去。发扬民族精神必须从民族整体的立场和利益出发，使本民族优秀的文化传统得以发扬壮大，在任何时候都要有民族自尊心、自信心和自豪感，与民族荣辱与共。改革创新的时代精神需要自由意志和创新精神，强调充分发挥个体的主体性和主动性。但是，这并不与集体主义相背离，只有在汇聚集体的大智慧和社会创造良好的创新氛围下，才能更有利于个体充分发扬个性，不断开拓创新。

习近平总书记在十九大报告中提出要培育和践行社会主义核心价值观，他强调“要以培养担当民族复兴大任的时代新人为着眼点，强化教育引导、实践

养成、制度保障，发挥社会主义核心价值观对国民教育、精神文明创建、精神文化产品创作生产传播的引领作用，把社会主义核心价值观融入社会发展各方面，转化为人们的情感认同和行为习惯”[①]。培育和践行社会主义核心价值观的目的就是要培养能够担负起实现民族复兴大任的优秀人才。对个人而言，“爱国、敬业、诚信、友善”是每一个公民都应当遵守的基本道德规范，是社会主义核心价值观在个人层面的凝练和表达，是评价公民是否严格恪守道德行为的基本价值标准。首先，爱国代表着个人与祖国之间血肉相连的深厚情感，这也是个人认识和调节自身与祖国的关系的基础，这本身就是遵循集体主义价值观的体现，中华儿女始终把报效祖国，为民奉献，振兴中华视作自己的责任与担当。其次，敬业要求每一个公民作为社会的一分子应恪尽职守，服务人民和社会，以严格的公民职业道德准则要求自己，决不能为一己私利而损公肥私或消极怠工。再次，诚信就是诚实守信，诚信在全世界任何一种文化中都是极为重要的一种品质，是人类社会代代传承的优秀传统。它强调每个公民都应该诚实劳动、用心做事、信守承诺、言出必行、以真诚待人而不是尔虞我诈、偷奸耍滑。最后，强调人们在日常生活和工作当中应给与彼此充分的尊重和关心、维护好和睦友好的人际关系，在需要时能够相互关心、互帮互助，发扬雷锋精神，以小爱汇聚大爱，让整个社会充满温情与和谐的氛围。可见，社会主义核心价值观全面而细致地体现了集体主义思想，呼唤人们重视社会的公平正义和个人的礼义廉耻，积极创造和培育修身、齐家、治国、平天下的集体主义精神、高度的社会责任感及和谐友好的社会秩序。[②]

---

① 习近平：《决胜全面建成小康社会　夺取新时代中国特色社会主义伟大胜利——在中国共产党第十九次全国代表大会上的报告》，《人民日报》，2017 年 10 月 28 日第 001 版。

② 这四者之间存在着严密的逻辑关系，修身是最根本的前提，后者皆以前者为基础，依次递进，反过来前者的实现又会促进后者的实现。其本质上也是强调个人与集体之间不可分割的关系。原文如下：“古之欲明明德于天下者，先治其国；欲治其国者，先齐其家；欲齐其家者，先修其身；欲修其身者，先正其心；欲正其心者，先诚其意；欲诚其意者，先致其知。致知在格物，物格而后知至，知至而后意诚，意诚而后心正，心正而后身修，身修而后家齐，家齐而后国治，国治而后天下平。”（《礼记：含大学、中庸》，于涌、樊伟峻、付林鹏译注，长春出版社，2013 年，第 2 页）

第二节　坚持集体主义促进经济高质量发展和共同富裕

一、社会主义市场经济与集体主义具有兼容性和适应性

市场经济与集体主义是否能够相互适应？要回答这个问题，首先要明确弄清楚这个问题的两个关键点：一来什么是市场经济，我们的社会主义市场经济又是什么？二来社会主义市场经济与集体主义之间究竟是什么关系？

市场经济是一种社会化的商品经济，市场在资源配置中起基础性作用。世界各国的市场经济实践丰富，模式多样，但整体上都具有竞争性、平等性、法制性和开放性的共性特征。市场经济可以通过市场有效地调节社会资源的分配，引导企业按需生产，是一种非常有效地实现资源优化配置的形式。社会主义市场经济汲取了市场经济的优势，通过市场经济与社会主义基本制度相结合，使市场在国家宏观调控下合理配置资源，从而可以充分发挥社会主义的优越性，极大地减少了市场自发调节的盲目性和滞后性弊病，这是一种大胆的理论和实践创新。回顾历史，邓小平在解释“社会主义”时曾一再强调“贫穷不是社会主义”①，提出了“革命是解放生产力，改革也是解放生产力”②的著名论断。改革的首要任务就是活跃和发展经济，邓小平纠正了人们的思想偏差，大胆地提出了新构想：社会主义也可以发展市场经济，只要与社会主义制度相结合就是社会主义性质的市场经济。从20世纪70年代末兴起的废除人民公社制度，倡导“家庭联产承包责任制”的农村经济体制改革，20世纪80年代以搞活企业为中心的企业管理体制改革和城市经济体制改革的实施是为了使中国顺应世界经济一体化的发展趋势，逐步形成了全方位、多层次、宽领域的对外开放新格局。通过实施对外开放战略，大力发展社会主义市场经济，我国取得了辉煌的社会发展成就，人民生活水平得到了迅速提升。我国发展社会主义市场经济取得的成就，证明了市场经济和社会主义存在兼容性，只要我们坚持社会主义性质不变，公有制经济占主体，国家宏观调控，市场经济就可以为我所用。

① 邓小平：《邓小平文选（第三卷）》，人民出版社，1993年，第225页。
② 邓小平：《邓小平文选（第三卷）》，人民出版社，1993年，第370页。

市场经济是经济社会化发展的一个历史阶段，即在市场价值主导下通过市场进行社会经济要素和资源的社会化配置，通过竞争机制实现经济的社会化循环，而这必然要求有与之相配套的公平正义的竞争机制与良好完善的市场秩序。市场因为客观上利他才有可能存在，人们之间则要在谋求个人利益的同时具备社会化整体利益观念以及社会均衡协调、协作精神，这正是集体主义观念的生动体现。另外，社会主义市场经济条件下，人们的社会关系由计划经济制度性身份关系转成社会性契约关系，尊重各类社会主体的主体性，努力协调各类社会矛盾，追求利益的社会共享及相应的开放、互利、包容、和谐等价值。因此，社会主义市场经济不仅孕育着集体主义的价值观念，而且是集体主义价值观念发展壮大的肥沃土壤。特别需要强调的有两点：一是不可否认现阶段社会主义市场经济的快速发展对集体主义观念造成了一定的冲击，如何应对并使之更好地为发扬集体主义服务是个重要而艰巨的任务；二是集体主义不是抽象的概念，但也不能随意扩展，要警惕个别人将小团体主义、集团主义和地方主义与集体主义相混淆。归根结底，社会主义市场经济与集体主义不存在适应障碍，二者之间可以相互兼容、相互促进。

二、弘扬集体主义有利于推动经济高质量发展

大力推动经济高质量发展，为现代化建设提供更加强大稳固的物质基础，构建更高水平的社会主义市场经济体制，优化完善产业结构，提升企业的核心竞争力，是当前极为重要的战略性任务。同时，以增强实体经济作为着力点来建设高端、智能、绿色、安全的现代化的产业体系，深入实施区域协调发展的重要战略，以乡村振兴推动共同富裕的实现，以更高水平的对外开放加强同世界各国的交流合作，吸引全球的优质资源要素向我国聚集，真正从深度、广度和力度上全方位保障经济高质量发展。经过与社会主义制度结合后的市场经济，既继承了市场经济的竞争优势，又在我国国家宏观调控的监督下减少了市场的固有缺陷带来的风险，是一项大胆创新。集体主义具有十分丰富的思想内涵，是无产阶级优秀品质的体现，是大公无私、积极奉献精神的表达，充分展现了社会主义的优越性。我们要善于利用这一法宝，抓好集体主义思想教育，大力宣传集体主义，全面提高人们的思想道德素质，调动社会全体的积极性和创造力，助力社会主义市场经济高质量健康发展。

首先，公有制为主体的经济制度规定了我国的市场经济必须沿着社会主义

方向发展，这与资本主义的私有制经济存在区别。公有制从本质上而言，是集体主义文化在经济制度上的一种表达，坚持中国特色社会主义的根本原则必须毫不动摇地坚持社会主义公有制。在很长一段时期内，我国始终肩负着不断坚持和完善以社会主义公有制为主体、多种所有制经济共同发展的基本经济制度的重要任务。在社会主义市场经济条件下的公有制企业日渐成为自主经营、自负盈亏、自我监督的法人实体，再也不可能像过去一样由国家大包大揽、不计盈亏、效率低下，最后成为国家和人民的负担。但是，即便在社会主义条件下，国家利益和企业利益、局部利益和全局利益、眼前利益和长远利益之间的矛盾也不可避免。因此，在企业中进行爱国主义和集体主义教育十分必要，任何时候协调统一好国家、集体和个人三者之间的利益都非常关键。除公有制经济占主体之外，我国还存在着多种所有制经济成分，私有制经济也是社会主义市场经济的一个组成部分。私有制经济无法克服其本身的固有矛盾，因此更需要对其进行集体主义教育，使私有制企业家自觉遵守市场规律和秩序，自觉履行个人对他人，对社会和国家的责任和义务，严格遵守我国的法律法规以更大的积极性参与国家的建设，实现与社会和他人的和谐共处及协调发展。

其次，集体主义通过提高人们的道德素养对社会主义市场经济进行约束。市场经济是一种高度社会化的商品经济，各种生产要素都会在利润的驱使下向着最需要及最高效的地方流动，其最大优势就是可以使生产力水平得到迅速提高，经济发展突飞猛进，社会财富快速积累，利用好这一优势会对我国社会主义建设产生极大的推动作用。凡事皆有两面性，伴随着社会财富的增加，人民的生活水平得到了明显的提高，相应的人们的道德水平也不断提高。但是，作为上层建筑的思想道德的变化是非常缓慢而长期的，远远不及经济基础的改变来的容易和快速，于是就出现了人民的思想道德水平提高相对滞后的难题。一部分人为了追求个人经济利益的最大化，便开始迷信金钱至上，置集体利益于不顾，甚至不惜突破道德底线触犯法律。

不可否认，在社会主义市场经济条件下，利益主体已呈现多元化格局，人们关心和追求个人利益无可厚非，但是并不代表任何人都可以为所欲为，世上没有绝对的自由，任何自由都是在一定范围内有约束的自由。解决这一难题的根本就是要把握好追求个人利益的“度”。简言之，就是正确处理国家、集体和个人三者之间的利益关系，既要给予个人充分的自由和权利大胆追求个人的正当利益，使得整个社会充满创造性和活力，又必须以不得损害国家利益和集体利益为警戒线。这不仅需要依靠法律强制和行政调控来约束个人的行为，更需要在日常生活中对人们进行潜移默化的思想教育。不论是法律手段还是行政手段都是事后措施，只有进行集体主义的思想教育才能预防和纠正人们的错误观念。集体主义始终提倡“为人民服务”，全面地阐发了国家、集体、个人三者之间的利益关系，使人们不仅对此有一个全面的客观的认识，而且当三者的利益出现矛盾、冲突时，能够恰当地进行协调和解决。积极倡导集体主义，使人们自觉抵制极端个人主义、拜金享乐主义、功利主义的侵蚀，坚持从人民的整体利益出发，眼观大局，以利于国家、集体利益为向导，以绝不做损公肥私，有害于国家和人民的事情为底线。可见，集体主义思想是从根本上对抗和克服极端个人主义、拜金享乐主义、功利主义的强大武器，有力地保障了社会主义市场经济在社会主义体制内得以继续健康且高质量发展。

三、集体主义有利于推动实现共同富裕

二十大报告明确指出，“中国式现代化是全体人民共同富裕的现代化。共同富裕是中国特色社会主义的本质要求”[①]。推动实现共同富裕能够最大限度保障社会公平，防止出现两极分化，充分化解社会矛盾，但是共同富裕的实现不可能一蹴而就，这将是一个漫长而复杂的历史过程。共同富裕不是口头承诺，而是需要真抓实干才能兴邦利民。

市场经济通过以价格机制为核心的供求、竞争、利率等杠杆，使各种生产要素达到人尽其才、物尽其用、时尽其效的高效利用。人是所有的生产要素中具有决定性作用的因素，所以人的思想信念是否正确决定着其他各种生产要素能否在正确的轨道上流动，以及市场能否有效减少其自发性、盲目性和滞后性带来的不良后果。在当代资本主义国家的市场经济也不是完全自由的经济，社会主义市场经济更需要政府实行宏观调控。政府的宏观调控的一项重要任务就是调节收入分配，缩小贫富差距，最终实现共同富裕，这是实施社会主义市场经济的主要目标。部分人断章取义，主观片面地理解共同富裕的内涵，完全无视“先富带后富，最终实现共同富裕的要求”，只讲先富、自富，不管帮富、共富，不仅在先富后利欲心无限膨胀，甚至变本加厉压榨他人。我国绝不走资

① 习近平：《高举中国特色社会主义伟大旗帜　为全面建设社会主义现代化国家而团结奋斗：在中国共产党第二十次全国代表大会上的报告》，人民出版社，2022 年，第 22 页。

本主义国家的老路，穷者越穷而富者越富，严重的贫富差距造成了许多国家当今社会的动荡和撕裂，这是我们应当避免的。

社会主义制度的性质决定了在我国必须以按劳分配为主体，这是同资本主义的分配方式最根本的区别，也是我国人民实现共同富裕的制度保障。为适应我国社会主义初级阶段的现实国情，我们允许主体分配方式之外的分配方式存在，但任何时候它都不可以僭越甚至取代按劳分配的主体地位。为实现共同富裕，政府可以通过法律的、经济的、行政的手段有效控制经济规模，逐步对产业结构进行调整和优化，对地区发展水平差异进行调节，抑制通货膨胀，避免经济大幅波动，调节居民收入分配，最终缩小贫富差距，确保经济稳定、协调、持续、健康发展。

政府仅在经济上进行宏观调控还不足够，必须从观念上彻底纠正歪风邪气，大力弘扬集体主义，尤其针对片面或错误理解社会主义市场经济本质的人，进行集体主义思想教育，促使他们树立正确的集体观念，从大局出发，摒弃自私自利的思想。宣扬集体主义，有助于提高人们的思想道德素质，使人们自觉地遵守市场规律，依法办事，合理致富。如果人人都有着集体主义的精神，在经济活动中做到知法守法、诚实劳动、各负其责，获取个人正当利益的同时，能够兼顾到他人、社会和国家的集体利益，不仅努力实现个人价值，还为社会和国家的发展进步贡献自己的力量，那么，我们必然可以早日实现共同富裕的目标。

推动实现全体人民的共同富裕有两个核心，一个是全体人民，一个是共同富裕。“全体人民”意味着我们的共同富裕是不落一人的，是增进全体人民共同福祉的伟大事业；“共同富裕”则要求不仅要实现经济上的共同富裕，在精神上也要实现共同富裕。通过集体主义的教育和浸润，人们不仅树立共同的理想信念并为之奋斗，在日常生活中也可以自觉做到诚实守信、爱岗敬业、遵纪守法、团结互助，秉承中华民族的传统美德，在共同建设物质文明的同时，也使精神文明同步发展。共同富裕的实现离不开第一、二、三次分配的制度安排。一次分配依托市场完成，主要体现效率因素；二次分配依靠政府，重点强调公平的效用，以税收和转移支付及公共服务等方式防止出现两极分化，使处在社会底层的群体也能得到更多的发展机会和物质上的保障；第三次分配是在自愿的前提下，通过一系列鼓励措施，让高收入群体能够通过捐赠、资助、公益、志愿等方式对财富和资源实施再分配，更好地促进共同富裕的实现。因此，第三次分配更需要发挥集体主义的强大价值引导作用，受到集体主义熏陶而精神上更加富裕的人，能够更加自觉自愿主动地为全体人民的发展做出贡献。

社会主义市场经济能够适应现阶段发展的特殊要求。在社会主义市场经济条件下，个人利益需求高涨，使得人们越来越重视自身的价值实现和利益维护。但是，集体利益始终是处于优先地位的，鼓励个人追求的个人利益必须是正当的，而且是合法的。任何突破“不损害集体利益”这条底线的行为，都必然会危害个人利益与集体利益的协调发展。在社会主义条件下，集体也越来越向着真实的集体在迈进，个人利益与集体利益也会越来越频繁地双向互动。总而言之，追求个人利益是社会主义市场经济发展的内在驱动力，而集体利益则是社会主义市场经济的现实约束力，二者是缺一不可的。在集体主义的规范和引导下，鼓励个人追求个人正当利益的最大化。但是，绝对不可过分夸大个人利益的重要性，盲目冒进而不加约束，必须始终坚持以促进集体利益的实现为价值导向，以实现全体人民的共同富裕为奋斗目标。有集体主义保驾护航，能够促进社会主义市场经济始终健康、稳定、协调和高质量发展。

第三节　集体主义有助于推动社会主义文化繁荣兴盛

一、当前我国文化发展的机遇与挑战

坚持中国特色社会主义文化发展道路，是全面建设社会主义现代化国家的必然要求。增强中国的文化自信，就必须加强社会主义文化强国建设，发展紧跟时代脚步，彰显中国特色，面向人民凝心聚力，面向世界自信开放，充分激发全民族文化创造激情和活力的社会主义文化。我们的文化既要为人民服务也要为社会主义服务，二者缺一不可。同时，我们还应该以更加自信昂扬的姿态，走向世界，让中华文化在世界大放异彩。中国文化尤其是中国优秀的传统文化在全世界受到追捧，表明世界各国对中国文化的认识和了解在逐步加深，世界各国对中国文化的包容度和接受度也越来越高，中国文化的繁荣发展正处于前所未有的机遇期。随着全球化的不断发展，文化融合加深，越来越多的外国人对中国文化着迷。在激烈的文化竞争中，中国传统文化走向世界必须加大

创新力度，不断丰富其传播载体和方式。

今天，无论是传统文化还是现代文化都面临着一些难题。首先，人们对待传统文化容易犯两种错误：一种是只看到传统文化中的精髓，于是简单地主张全盘复古，把老祖宗留下来的东西全部继承下来；显而易见，这是无法以科学的态度看待古今关系，这种墨守成规不思创新的思想是可怕的。而另一种则走向了另一个极端，一叶障目不见泰山，只看到传统文化中的糟粕，认为西方的一切都是好的，盲目信奉西方文化，于是粗暴地主张摒弃中国传统文化。事实上，这两种观念都是极端片面的。

时代进步和现实发展向中国传统文化的传承与发展提出了新的要求：传统文化如何能够更好地接轨时代发展的要求，如何能够以全新的方式为现代社会服务？传统文化面临的困难无疑给西方资本主义的文化入侵创造了可乘之机，这不仅是传统文化自身发展的困境，也是整个中华民族的文化发展难题。外部威胁主要是来自资本主义商业文化和西方后工业文化。在全球化纵深发展的今天，资本主义文化把持了全球文化的主导权，其目的是要让其他文化为资本主义文化马首是瞻。中国传统文化必须加强文化融合与创新，而现代文化也决不能在西方文化的阴影下艰难求生，所以我们要坚持以人民的需求为核心导向，依靠人民群众的共同智慧和努力，创造出更加丰富多样的优秀的精神文化产品，形成中国文化的品牌效应。同时，我们要积极改变文化传播方式单一的问题，创新文化传播的形式和载体，拓展传播途径，尤其是利用互联网平台和社交媒体平台，让世界各国认识和了解中国文化，最大限度地增强中国文化的影响力和知名度。必须加强文化建设，尤其是对集体主义的文化传承应加大保护力度，推动文化和教育、旅游、城市建设等各个方面的深度融合。要坚守中国文化的立场，挖掘中国文化的精髓，抓住每一次文化发展繁荣的重要机遇，加快构建中国的话语体系，把中国故事讲动听，把中国声音传播远，把中国形象树立好，深化文明交流互鉴。

二、集体主义对中国传统文化的传承与发扬

在我国，无论是进行社会主义文化体制改革，还是建设社会主义和谐文化，增强文化软实力，都必须传承和发扬中国传统文化和民族精神，这是中华民族在历史发展中积淀出来的宝贵财富。中国人民具有自强不息、厚德载物、居安思危、乐天知足、崇尚礼仪等精神特征，这是中华文化绵延不绝的

血脉。随着时代的发展进步，我们的文化不断注入新的活力，越来越开放、包容、多元化，但在任何时候都不能丢掉源远流长的中国传统文化。

中国传统文化内容丰富、博大精深，其核心和精髓可以用“以人为本、崇德尚义、持中贵和、经世致用”来概括。中国传统文化深受宗法血缘制度、儒家传统、家国同构的社会结构等因素的影响，呈现出一种重德崇义的伦理型文化。崇尚和谐是中国传统文化的核心价值之一，和谐精神与和谐文化是贯通中国传统文化的一条主脉络。以“儒道互补”为主体的中国文化，其本质上是一种“以人为本”的和谐文化。“经世致用”可谓是中华民族在千年历史长河中形成的一种集大成的思想，作为一种思想方法，它注重理性，崇尚实学，积累经验，重视实践；而作为一种价值取向，它注重行动，注重结果，注重功效。可以说，中国传统文化的本质就是一种和谐文化。要达到整个社会的和谐的状态，就需要以人为本，把人的发展作为核心目标；就需要崇德尚义，在全社会形成良好的道德风尚；就需要持中贵和，秉承中庸之道，顺应自然和历史规律；就需要经世致用，注重实践，将信念付诸实际行动。

和谐文化将中国传统文化整个串联成一体，而和谐文化的内核正是一种整体主义。当我们考察古代整体主义价值观时就会发现，它恰好是集体主义文化在中国古代社会的一种历史表现形态。集体主义以中国古代的整体主义为历史基础，积极地借鉴和吸收了马克思主义的集体主义思想，将中国传统文化中的爱国主义、天人合一、天下大同、崇德尚义等思想精华同马克思主义集体主义思想进行有机融合，这才是真正形成了具有中国特色的马克思主义集体主义价值观。因而，在当代中国，坚持集体主义价值观，不仅可以坚持马克思主义，也是对中国传统文化的守护。集体主义文化作为中国传统文化的一部分，尽管在不同的社会历史时期有不同的发展程度和表现形式，相应地也难免带有特定历史阶段的诸多缺陷，但始终渗透并生长在中国传统文化的沃土之中。任何人都不能否认中国传统文化是中华民族延绵昌盛的血脉，也不能否认集体主义思想对促进中华民族安定团结的重要作用，但在全球化纵深发展的新时代，中国传统文化必须增添新的内容，注入新的活力，集体主义也必须与时俱进，不断增强解释力和吸引力，才能更好地得到人们的拥护、传承和发扬。

三、集体主义促进我国现代文化繁荣兴盛

马克思主义中国化的过程，也正是中国文化逐步走向现代化的过程，集体主义作为马克思主义思想中极为重要的一部分，对促进中国文化的现代化和发展繁荣起着至关重要的引导作用。首先，集体主义适应了现代文化和现代文明的发展要求，有力地促进了现代文化向着包容、和谐、丰富全面、现代化、全球化的方向发展；其次，中国的现代文化是建立在继承中国传统文化的精髓的基础上的，二者之间有着内在的契合性。集体主义对中国传统文化的影响和改造也直接或间接地促进了中国现代文化的繁荣与发展。

现代文化与现代文明有三个非常鲜明的旗帜，一是崇尚个性自由、尊重个体、突出人的价值；二是崇尚创新意识，时时处处事事皆要不断创新、勇于突破；三是强调社会责任感，倡导社会权利与义务，崇尚和平与和谐精神。集体主义同样重视个人价值的实现，维护个人的正当利益，鼓励个人勇于创新和突破，倡导在全社会形成良好的社会公德，促进社会朝着和谐共荣的方向发展。我们通过对比不难发现，集体主义的价值诉求和发展目标内在蕴含着尊重个体、崇尚个性、追求创新、倡导和谐的根本取向。这就从内容上决定了集体主义与社会主义现代文化的内在统一性，决定了集体主义是现代文化应有的伦理要求和价值向导，并且能在发展过程中不断地规范和引导现代文化的发展方向，使得现代文化更好地适应社会主义和谐文化的建设和发展要求。

文化的现代化过程实质就是文化的创新发展过程，而文化创新正是在对中国传统文化的扬弃的基础上进行的。中华民族历经几千年的历史演化，才逐渐形成了博大精深的中国传统文化体系，它充分反映了中华民族特有的精神、气质和风貌。博大精深的中国传统文化是每一个中华儿女安身立命的思想家园，是我们民族自信心和自豪感的不竭源泉，我们不仅要树立文化自信和文化自觉，还应该不断地挖掘中国传统文化的精髓并找准切入点，最终将中国传统文化融入现代文化的发展潮流之中。这一方面可以为现代文化的发展繁荣注入新的生命活力，另一方面可以使中国传统文化在全球化时代再次大放异彩。中国人素来崇尚“修身、齐家、治国、平天下”和“达则兼济天下，穷则独善其身”的价值取向，这种对人生抱有积极态度和进取精神的思想始终影响着一代又一代的中华儿女，为了人生理想和宏伟目标不懈奋斗。

中国传统文化中的伦理道德思想体现了集体主义。中国一向是“礼仪之

邦”，所以特别强调用伦理道德的标准去评判一个人的思想和行为，注重培养天人合一、忠贞孝悌、重义轻利、诚实守信、公而忘私等美德。这些美德在客观上非常有助于维护人际关系及社会秩序的和谐稳定。中华民族不仅勤劳勇敢、团结奋进、自强不息，而且有着不屈不挠、聪慧睿智、崇尚和谐的民族品格，每每在民族危亡和抵御灾难的关键时刻，人们就会在爱国主义和集体主义的支撑下众志成城、共渡难关。但是，我们必须客观地看待传统文化的两面性，集体主义不仅要对传统文化进行传承和守护，也要在这一过程中不断地对传统文化进行改造和扬弃。所以说，现代文化理应包含着集体主义的内容和精神，并以此作为其发展的重要原则。

坚定文化自信，关系到我国的国运兴衰和文化安全，关系到我国的民族独立和精神富足。习近平总书记曾多次强调文化自信的重要性。社会主义文化建设是中国特色社会主义事业总体布局中的关键一环，我们应坚定在四个自信的基础上进一步强化对文化自信的理解和践行。我国的优秀文化激励了世世代代的中华儿女无论身处顺境逆境都能够奋发图强，自信自立，创造了我国光辉灿烂的历史，为我国的繁荣发展增添了最绚烂的底色。上下五千年的文化底蕴给了中国人民最强大的精神后盾，中国共产党在领导中国人民从革命走向建设，从建设走向改革，从改革走向新时代的伟大复兴的过程中，每一次伟大实践都离不开中华优秀传统文化的引导和滋养。这是中华民族任何时候都不能丢弃的根本，也是不断激励着中华儿女朝着更高目标继续迈进的不竭动力。我们必须牢固树立马克思主义的坚定信仰，在集体主义的科学引导下，全面提升我国的文化影响力，创造无愧于世界的优秀文艺作品，展示中国文化之风采。

第四节　集体主义有利于打造共建共治共享的社会治理格局

一、集体主义有助于建设社会文明，促进社会公平正义

“社会文明是社会主义社会建设的重要目标和特征，全面提高社会文明发展水平是国家发展的需要，是人民的共同期盼。社会和谐是中国特色社会主义

的本质属性，是我们党不懈追求的社会理想。”[①]社会文明建设内在地包含着集体主义的思想和价值取向，它必然要求实现人与自然、人与社会、人与他人、人与自身的全面的充分的和谐统一，而集体主义正是促成这一和谐统一局面的推动力量。和谐稳定的社会环境和社会氛围，是我们进行一切工作的基本前提，缺乏和谐稳定的社会环境，一切改革、建设、战略都无从谈起。社会和谐的一个非常核心的方面，就是努力形成和谐共处的社会氛围，让人民能够共建共享社会建设的成果，形成社会治理的新局面，而这也必然要求社会能够充分地保障公平正义的实现。同时，社会的和谐稳定也要求社会有着诚信友爱、安定有序且人与自然能够和谐相处的氛围。

其中，实现社会的公平正义不仅作为一种价值诉求而存在，同时也是建设社会文明的重要组成部分。毋庸置疑，集体主义的伦理道德要求包含着实现社会公平正义的重要内容，所以建设社会文明与倡导集体主义在本质上是有一致诉求的。[②]首先，集体主义价值观是建立在社会公平正义这一理念的基础之上的，维护社会公平正义是集体主义的职责所在。脱离了公平正义，集体主义就会滑向专制独裁的边缘，而集体主义的价值诉求不能实现，也就意味着社会不可能和谐正义且安定有序。其次，社会公平正义与集体主义是相辅相成，相互促进的。社会公平正义的实现，需要集体主义价值观念的引导和规范，而集体主义价值诉求的实现也需要社会公平正义的强力保障。社会公平正义原则在政治、经济、文化、医疗、教育、社会保障等领域的贯彻实施，使人们不断增强对集体主义的价值认同。所以说，社会文明建设本身就包含着倡导集体主义的价值诉求，而集体主义的发扬也必然要求在建设社会文明的过程中，为其提供更强力更稳定的制度保障。

在建设社会文明的过程中，必须坚持集体主义的价值导向，同时大力弘扬社会的公平正义，通过相应的制度建设将维护社会公平正义落到实处，使人们不断提高维护社会和谐稳定的主动性和自觉性。集体主义的本质要求是维护社会共同利益和社会和谐文明，非常注重个人价值的实现与维护，尊重、协调并

---

① 中共中央宣传部编：《习近平新时代中国特色社会主义思想三十讲》，学习出版社，2018年，第236页。

② 付仲媛：《浅谈集体主义与社会和谐》，《思想政治工作研究》，2009年第6期，第32页。

保护社会各个利益主体的合法权益，倡导人们自觉形成强烈的社会责任感和奉献精神。社会文明建设绝对不能脱离思想道德建设而孤立存在。最根本的途径，是要坚持在集体主义的引导下，不断地提高人民的思想政治觉悟，逐步引导人们自觉树立正确的理想、信念。唯有实现人与自身、他人、社会、自然的和谐统一，才能真正创造一个和谐稳定又充满公平正义的文明社会。

二、集体主义有利于促进社会和谐稳定

要形成和谐的社会关系，不仅需要法律法规的强制性约束，使人们在法律的震慑力下自觉遵守社会秩序和行为准则，同时还需要全面加强社会主义道德建设，大力弘扬集体主义，提高人民的思想道德修养，使人们从主观意识出发形成维护社会和谐的自觉性和主动性，为建设社会主义精神文明奠定坚实的基础，为整个中华民族的发展提供强大的精神动力。集体主义是我国道德建设的基本原则，发挥着重要作用，它包含着丰富的内容，是我国发展先进文化与和谐文化的中心环节。

加强集体主义思想教育，对和谐的社会关系的建立发挥着非常重要的促进作用。通过加强集体主义教育，可以全面地提高人民的思想政治觉悟，从而引导人们自觉树立正确的理想信念和价值取向。集体主义教育有利于帮助人民坚定实现共产主义的信念。在新时期仍需要提倡艰苦奋斗、爱岗敬业、互帮互助、爱国团结的高尚品德，这对于加快步伐创建社会主义精神文明极为关键。

在社会主义初阶阶段，我们不可能逾越发展阶段而实现最高层次的集体主义，因为集体主义的发展程度取决于经济社会的发展程度。尽管如此，集体主义的核心要义不能动摇，必须坚持集体利益高于个人利益。在集体主义的三个层次要求中，第三层次的要求是最基本的，即“公私兼顾，不损公肥私”，这是向我们每一个人提出的要求。如果人人都能自觉做到将集体利益与个人利益紧密联系在一起，绝不因为个人私利而损害社会和国家的利益，那么我们的社会关系就会在实现和谐的路上迈出一大步。第二个层次的要求是“先公后私，先人后己”，这是我国自古以来就非常推崇的处事原则。如果每个人都能把国家和社会的利益摆在首要的位置，那么各种社会矛盾就会大大缩减，人与人之间就会更加平等、团结、友爱，人际关系必然会更加趋于和谐。第一个层次的要求是本着一切为人民服务的态度和决心，做到“无私奉献、一心为公”，这是具有较高的思想觉悟和道德情操的共产党员、知识分子、人民公仆对自身的

高标准和严要求，也是我们每一个人应该树立的远大目标，如果人人都可以具备第一层次的道德素质，人人互敬互爱、互帮互助、举国上下团结一心，那么和谐社会必然能够实现。总而言之，集体主义对于促进和谐社会关系的形成具有重要作用，它使人们立足自身，从客观实际出发，逐渐形成互相关爱、相互帮助、尊老爱幼、爱国团结、勇于奉献的思想道德风貌，促进人与人之间的人际关系和社会关系的日趋和谐。

全球化的日益推进和网络技术的飞速发展，使世界成为一个整体。人们有更多的机会去接触各种各样的文化和思想，并且在这一过程中不断地对已有的思想进行调节、改变和适应。在这种情况下，如果资产阶级意识形态趁虚而入，人们就很容易受到极端个人主义、拜金享乐主义的迷惑和侵蚀。有人就会对传统的价值观产生怀疑，甚至丧失社会主义、共产主义的信念。互联网的空前普及，使得任何一种社会思潮都能够借助网络以极快的速度形成强大的传播力和极广的辐射效应，甚至会威胁到我国意识形态的安全和稳定。因此，我们绝不能允许传统美德被模糊化和集体主义被边缘化，而是需要以更加积极的态度去充分挖掘我们的精神财富，以“德义精神”凝聚智慧和力量，将中华民族的德性追求与高尚情操发扬光大。

三、集体主义有助于化解社会矛盾，推进社会治理的现代化

“社会治理是国家治理的重要领域，社会治理现代化是国家治理体系和治理能力现代化的题中之义。”[①] 推动社会治理的创新，我国的社会治理会逐渐趋于科学化、合理化、智能化和现代化。我国当前正处于社会改革、转型和快速发展的关键时期，也是各种社会问题和生态问题集中爆发的特殊时期，一系列社会治理难题急须找到有效的破解方法。

从历史上的经验来看，越是在社会治理的重大关头，我们越是应该大力弘扬集体主义，倡导人们团结一致、同心同德，从社会的整体利益出发，齐心协力解决我们共同面对的巨大困难，促进我们的社会朝着健康、有序、稳定、和谐的发展方向前进。中国自古以来就提倡“一方有难，八方支援”的集体主义精神，尤其在外敌入侵和面临巨大自然灾害的时候，人们都会空前团结一致、

① 中共中央宣传部编：《习近平新时代中国特色社会主义思想三十讲》，学习出版社，2018 年，第 234 页。

众志成城、共度难关，所以我们中华文明才能屹立几千年而愈加繁荣辉煌。2008 年 5·12 汶川大地震灾害发生后，全国人民共同抗震救灾的热情高涨，2019 年年底暴发的新冠病毒感染疫情，中国人民万众一心，无数一线医护人员冲锋陷阵，舍小家顾大局，甚至付出了自己宝贵的生命，将病毒带来的损失降至最小，最大限度地保障了全体人民的生命健康和安全，这些都体现出集体主义文化的强大力量。正是集体主义的文化基因，才使得我们能够在最短的时间里，集中最大的财力、物力、人力投入灾区或疫区的救灾、抢险、安置和重建工作，才能迅速组建起高水平高执行力的科研队伍，以最快的速度投入到病毒研究和疫苗的科学研发当中，无数的党员干部、基层工作者和志愿者不辞辛劳，昼夜奋战才换来了恢复正常生产生活秩序。可以说，弘扬集体主义有利于最大限度地调动海内外中华儿女建设祖国的积极性和主动性。

我国的社会治理体系逐渐走向完善，整体的安全稳定形势一片大好，人民群众的幸福感和满意度也在不断提升，但是我们在看到取得巨大成就的同时丝毫不能放松和懈怠，社会治理的复杂性不能低估，社会治理模式的完全转变仍然任重道远。创新社会治理依然需要先进的理念作为一切行动的先导，创新社会治理必须首先实现社会治理理念的与时俱进。坚持问题导向，立足于中国的实际国情，必须在实践中不断推陈出新，追求卓越，探索出一条符合实际且可持续的现代化社会治理路径。推动形成共治共建共享的社会治理格局本身就是集体主义在新时代的客观要求。共建是首要的前提和基础。自改革开放始，全国人民鼓足干劲一路披荆斩棘，将我国建设成世界第二大经济体。在新时代的十年，我们取得了一系列的伟大成就，打赢了脱贫攻坚战役，如期建成了全面小康社会，全面提升了人民的生活水平和文化自信，在党的二十大精神的指引下，还将以自信自强，踔厉奋发的奋斗精神，全面推进社会主义现代化伟大事业，谱写中华民族繁荣发展的新篇章。这一切成就的取得归根结底是靠人民的共建得来的，离开了集体主义指引下的共同奋斗，就失去了我们奋斗的基础和依靠力量，所以共建是社会治理格局中的基础性前提。共治是关键，是将共建与共享进行紧密连接的重要桥梁。因此必须树立大局观和大治理观，建设一个完善的全民治理体系，通过整合资源并充分发扬各方优势，不断推动新时代“枫桥经验”的创新和普及，真正让人民群众成为社会治理的主体，让广大人民都能够为社会治理贡献力量和智慧。共享是最根本的目标。因为我们的各项事业最终指向的都是人民，只有让社会发展的各项成果真正最大限度地惠及全体人民，在持续提升社会的整体物质基础的同时，深化收入分配制度改革以实现社会公平正义，让人民充分享有发展的获得感和满意度。共享做得越好，人民共建的积极性就越高，科学合理的共治就越能够顺利实现。

第五节　集体主义有利于中华民族的团结和伟大复兴

一、集体主义维护多民族国家的团结统一

中国之所以能作为一个统一的多民族国家历经千年而愈发繁荣昌盛，屡经战乱侵袭而不被颠覆，不仅是因为在古代中国就已经拥有了相对发达的经济基础、稳定的政治环境和丰富灿烂的文化依托，也不仅仅因为各个民族密切联系且都受到了中央政府的统一管理，更因为中华民族始终崇尚集体主义，拥有强大的民族凝聚力和向心力，使得中国呈现出了“分久必合”的发展总趋势，使各族人民热切盼望祖国的和平、和谐和统一。中华民族自秦汉时期形成统一的多民族国家起，在随后的两千多年里始终作为一个血脉相连的共同体而存在，深刻地塑造了人们的集体意识和民族认同感，即使中国不断经历各种战乱和外敌入侵，但是各族人民始终和睦相处、相互依存、荣辱与共，保持着密切的交往和联系，牢牢地捍卫了祖国的完整和统一，在推动国家发展进步的过程中结成了血肉亲情，共同缔造了璀璨夺目的中华文明。集体主义让人们认识到民族团结、祖国统一是全体人民共同的期盼，是所有中国人民团结奋斗的共同事业，它的早日实现离不开全体中国人的努力和贡献。

中华民族的繁荣昌盛是建立在民族的团结和国家的统一的基础上的。历史的经验教训昭示我们，离开了这一基本前提，任何繁荣昌盛都是空谈。中华民族统一则国强民富，中华民族分裂则国弱民穷。民族分裂不仅使得政局动荡，经济遭受重创陷于混乱或衰退，置广大人民于水深火热而不顾，而且使人民深受血腥、残暴的战乱之苦和经济凋敝、骨肉分离之苦。近代史上最为屈辱的帝国主义的侵略战争，更险些让中华民族的前途命运陷入绝境。在生死攸关的历史关头，集体主义总是可以激发人民的爱国热情和英勇斗志，即使经历了数次探索的失败，中国人民依然不屈不挠坚持不懈，最终找到了革命和改革的正确

道路，彻底结束了中国一盘散沙的局面。各民族的英雄儿女历经艰难险阻，用血肉之躯铸起了抗日战争的血肉长城，将日本帝国主义侵略者彻底击垮并赶出中国，为近代以来的屈辱历史雪耻。人民群众给予了人民军队极大的信任、理解和帮助，协助战士们取得了革命的最终胜利，昭告全世界新中国的诞生。新中国成立后，国民经济的迅速恢复和国家的重建改造工作，同样是依靠各民族人民的团结一心，才能在最快的时间内让社会主义事业步入轨道、迅速发展。在社会主义改革的攻坚时期，社会问题错综复杂，社会矛盾层出不穷，更需要弘扬集体主义凝聚人心、团结力量。中国特色社会主义事业不是个人的事业，它的实现必然需要全国各族人民的共同努力和贡献。为最终实现全国各族人民的共同富裕而奋斗，是每一个中国人都应具备的责任和担当。

和平与发展仍是当今世界发展的主旋律，但是不可否认在局部国家和地区依旧存在着相当严重的分裂和战乱，其中超过 95% 都是因为民族问题最终上升到武装冲突、局部战争和国家分裂的局势。民族问题是世界和平和人民幸福面临的最为尖锐的矛盾之一。我国地域辽阔、人口众多，作为一个拥有着 56 个民族的多民族国家，各民族之间在地域、历史、宗教、语言、风俗习惯和文化上都存在着相当大的差异，这种差异甚至体现在生活的方方面面。尽管我国自新中国成立以来，已经从实际出发制定了一系列的民族政策，给予少数民族人民多方面的援助和扶持，但是总体而言，少数民族地区的发展与我国东部地区存在着较大差距。

少数民族地区多处我国的边境地区，与许多国家接壤，能否维护好少数民族地区的社会秩序，关乎国家边境线的安危和整个国家的安全和发展。新疆是中国古丝绸之路的枢纽，地处亚洲大陆腹地，占中国国土面积的六分之一，其边境线绵延 5000 多公里，自古就是多民族聚居、多宗教共存且广泛传播的地区，它的重要性不言而喻。西藏自治区是中国的五个民族自治区之一，边境线长达 4000 多公里，全区土地面积约占全国总面积的八分之一，有着极为丰富的自然资源和文化历史遗产。境外敌对和分裂势力相互勾结，企图通过对边境地区进行思想渗透，试图遏制我国的快速发展和和平崛起。精准而坚决地打击各种敌对势力，团结少数民族地区的人民坚定爱国主义和社会主义信念，维护祖国的安定统一，是一项极为重要的关键性任务。加强集体主义和爱国主义的思想教育，增强我国主流意识形态的认同感和获得感，是一条重要途径。分裂势力是各族人民的共同敌人，是我们必须坚决斗争的对象。我们要勇于并善于斗争，这不仅关系到边疆和少数民族地区的经济发展和社会稳定，更关系到国家的和谐统一和中华民族的安危荣辱。我国的稳定大局来之不易，是全国人民同心同德共同创建和维护的结果，我们决不允许任何人的分裂阴谋得逞，这也是我们中华民族长盛不衰的关键所在。必须进一步弘扬集体主义，促进各民族的大团结和大发展，创建新型的社会主义民族关系，共同为社会主义现代化建设添砖加瓦，早日实现中华民族伟大复兴的光荣梦想。

二、集体主义有利于实现中华民族伟大复兴

人民群众不仅创造了巨大的物质和精神财富，更是推动社会变革和向前发展的主导力量。毛泽东同志曾明确阐明“人民，只有人民，才是创造世界历史的动力”①。我们不能单纯地以一个国家的物质财富多寡作为判定其兴衰的科学依据。一个民族和国家如果不能在物质富足的基础上，同时拥有强大的民族精神、凝聚力和创新精神，那么这种强大必然是不可持续的，甚至是不可能实现的。我们要实现民族复兴的伟大目标，首先必须把中华民族的自信和精神都凝聚起来，一盘散沙是不可能实现复兴的。人民群众中蕴含着无穷的力量和丰富的智慧，实现中国梦要依靠广大人民群众去推动去创造。在几千年的发展过程中，中华民族形成了一系列优良的精神传统——爱国主义和集体主义是其核心。中华民族的历史之所以延绵而伟大，始终是依靠爱国主义和集体主义这两大精神支柱作支撑的。

爱国主义是一种对自己国家和民族所怀有的深厚感情，这种感情在历史的熔炉中千锤百炼，在国家危难时刻被无数次激发凝聚，它对国家、民族、社会的生存和发展具有不可估量的作用。正是因为有爱国主义的驱动，才有古往今来无数豪杰义士的前赴后继，为国捐躯献身的伟大壮举。集体主义强调以无产阶级的利益为根本立场，正确处理个人与集体、社会之间的关系。它使得人们追求的个人利益必须在合理合法且不危害和妨碍集体利益和国家利益的范围内，在利益冲突不可避免时，能优先捍卫集体利益、长远利益和全局利益。它是无产阶级的道德要求，是无产阶级高尚品德的集中体现。

从历史上看，家国同构的集体主义观念有力地维系了中华民族几千年的团

① 《毛泽东选集（第三卷）》，人民出版社，2009 年，第 1031 页。

结和发展。正是无产阶级同资产阶级的斗争需要，才将整个无产阶级的命运紧密地连在一起；一无所有的无产阶级除了依靠集体的力量，没有任何别的途径能够摆脱残酷的剥削和阶级压迫，因此无产阶级必须首先增强集体的力量，维护集体的利益，才能最大限度地维护个人的利益。正是凭借爱国主义和集体主义为精神支撑，党带领人民在国家和民族的危急关头一次次力挽狂澜，最终不仅取得了革命的胜利，人民得以翻身作主，而且开辟了中国特色社会主义道路。在争取民族独立、人民解放、国家富强的奋斗中，中国人民锻造出了大无畏的牺牲精神，勇于学习先进、追赶先进的锐意进取精神；锤炼出了充满革命英雄主义和革命乐观主义的井冈山精神、不畏艰险的长征精神等一系列的崇高精神；培育出了充满英雄豪情的铁人精神、助人为乐的雷锋精神、亲民爱民的焦裕禄精神、开拓创新的“两弹一星”“载人航天”精神、众志成城的抗洪抢险与抗震救灾精神等。中国人民总是富有国家和民族的危机意识，在重重逆境和考验面前万众一心、无惧无畏、奋发图强、迎难而上、共克时艰。这一切都是“中国精神”“集体主义”的精髓所在，也是每一个中国人需要继承和发扬的优良传统，是我们能不断取胜的重要法宝，更是实现中华民族伟大复兴不可或缺的强大精神支柱。

第六节　集体主义促进国际合作，推动全球生态危机治理

一、集体主义能有效地推动全球生态危机治理

在未来，集体主义不仅会在更大程度上促进中华民族的和谐和统一，而且还将继续有利于维护和实现全世界和全人类的共同利益，其中首要的便是应对全球性的生态危机问题。中国自古以来就对环境问题特别重视，比如，天人合一、和谐共生等思想，强调把自然放在与人类平等的关系来看待，强调自然也是主体，人要以仁爱之心对待自然。正是基于这样的文化基因才衍生出当代的和合、共生等文化智慧，快速发展的中国。当前全球生态危机越演越烈，全球变暖致使海平面上升，南北极冰层融化甚至永久冻土解冻，空气、海洋、土壤的污染状况令人担忧，全球范围内自然灾害频发，动植物资源迅速退化出现枯竭，生态危机在近一百年的时间里出现了大爆发，正是人类活动的无限制侵入

才导致了生态环境面临巨大挑战。中国人民同全世界人民有着共同的立场，中国要勇于承担起大国应有的责任，同各国密切合作共同化解环境危机。

季羡林曾说过："只有东方的天人合一思想才能够拯救人类。"[①] 集体主义有力地守护了中国的传统文化，进一步发展了"天人合一"的和谐理念，这一理念重点强调的正是正确对待及处理人与自然之间的关系。"天人合一"是一种从全人类的利益出发来倡导和谐的思想，其中的"人"即代表着人类整体，"天"即代表着自然界，它的核心主张就是人类应该顺应自然规律，与自然界和谐共处，在本质上也是一种站在全人类高度上的集体主义价值取向。当今世界，在全球都面临着比较严重的生态危机的情况下，人类命运共同体理念的提出正是对集体主义的深化和发展，它非常有利于全人类共同协作，应对危机。因为任何人都是生活在地球大家庭中的一分子，生态危机绝不是某个人或某个国家的事情，它危及的是全人类的整体利益，任何个人都不可能在生态危机中独善其身，任何民族或国家也绝不可能单独应对生态危机。解决生态问题的唯一方式，只有全人类作为一个命运共同体，团结一致同心协力，人人都献出一份力量和智慧，每个人都自觉形成环保的意识，从规范和约束自己的行为开始做起。全人类共同化解危机，不单是救那些深受环境危机困扰的人于水火之中，从长远来看每个人都同时是在拯救自己。集体主义思想深刻地影响着人们日常生活的方方面面，对人的价值选择和行为规范都起到了非常重要的指导和约束作用，对我们进一步解决重大社会问题和生态问题发挥着非常重要的作用。

二、集体主义的发展逻辑能促进国际合作共赢

人类面临的共同难题远不止生态环境问题。世界范围内经济增长乏力，金融危机周期性发生的阴云始终不散，发达国家内部矛盾重重，局部地区战火连绵，恐怖主义仍未彻底消除，全球范围内的重大传染病频繁肆虐，反全球化和逆全球化浪潮迭起，大国博弈日益加剧，气候危机等风险叠加，以西方为中心的旧全球治理体系已经无法解决人类面临的共同危机和发展困境。全球性挑战牵一发而动全身，任何一个国家都没有足够的能力独自应对这一危机，世界已加速进入人类命运共同体时代。各国只有凝聚共识，构建公正合理的全球治理体系，才能更好地应对危机，推动共建全球发展共同体。我国已成为全球治理

---

① 季羡林：《关于"天人合一"思想的再思考》，《中国文化》，1994 年第 2 期，第 17 页。

的重要参与者以及全球公共产品的重要贡献者，众多新兴经济体的综合国力日盛，多极化格局更加稳固。在以“东升西降”为核心的百年大变局下，各国不分大小强弱，追求平等、公平、正义成为必然诉求，寻求国际深度合作和全球治理，建立国际政治经济新秩序，已经成为大势所趋。

共建—共富—共享—共赢的四重发展逻辑，无一不彰显着集体主义的时代价值。世界各国既作为独立的个体，又作为“命运共同体”的一员，各国休戚与共，合作则共赢，对抗则俱损。习近平总书记强调推动全球治理要弘扬共商共建共享理念，丛林法则和零和博弈的竞争理念已不得人心。[①] 于我国而言，从精准扶贫，到全面小康，到中国式现代化，每一项重大发展战略无一不是以人民作为根本的出发点和落脚点，充分发扬集体主义，着眼于在实现人民美好生活的道路上不让一人掉队。于个人而言，国家越繁荣发展，就越重视个人的价值实现和利益维护，鼓励全民努力奋斗实现共同富裕，更加追求自由、平等、民主、公平及全面发展，让每一个人都能共享现代化建设的丰硕成果。个人的价值和利益实现离不开集体和国家的维护，中国的繁荣富强也离不开亿亿万万人民的艰苦奋斗，国家利益、集体利益同人民的个人利益具有十分紧密的互惠共生关系。

第七节 集体主义促进人的自由而全面发展

一、人的自由而全面发展是集体主义的价值追求

马克思在《资本论》中第一次将“人的自由个性”和“人的全面发展”统一起来，结束了以往的经典作家在早期著作中将两者分开阐述和研究的局面，并且明确地将“人的自由而全面发展”作为未来代替资本主义社会的社会主义和共产主义社会的基本原则。马克思、恩格斯最重视的就是人，所以他们给予了“人的自由而全面发展”极其重要的理论地位。实现社会主义、共产主义是马克思主义的最高理想，而从马克思、恩格斯对共产主义的描绘中即可看出，共产主义社会即是“自由人的联合体”。这是马克思、恩格斯首次对外公布他

① 习近平：《习近平谈治国理政（第四卷）》，外文出版社，2022 年，第 463 页。

们对于共产主义的最核心的观点，即将人的自由而全面发展看作是共产主义和社会主义区别于其它一切社会形态的本质特征。共产主义不仅要彻底消灭私有制，而且要实现对人的本质的真正占有，人才能真正成为自身的主人。因此，实现人的自由而全面发展是马克思主义的最高目标。[①]

人的自由而全面发展包括全面发展和自由发展两个部分，前文对此已经具体阐释过。人的自由而全面发展的主体是人，它并不是泛指人类整体，而是指单个的“个人”，而未来正是每个人都能获得自由发展的联合体，也就是摆脱了虚幻性质的真实集体。马克思曾详细地描述过“人的自由发展”的情形，通过马克思的描述，我们可以发现“自由发展”就是人可以摆脱强制的分工的束缚和地域的限制，劳动不再作为谋生的手段，而是作为人生活的第一需要，人们有权利和自由依据自己的兴趣选择自己所从事的活动。每一社会成员不仅能完全自由地发展和发挥他的全部才能和力量，而且能够在不同的领域自由地发展其各种各样的能力，人们彻底摆脱了对分工的依赖性，突破了职业发展的局限性，真正成为全面发展的、独立有个性的自由人。首先，从个人与集体的关系上看，人们追求自由全面发展只能在真实集体中才能真正实现，而真实集体存在是为了更好地促进人的自由全面展。它们之间是相互依赖、相互促进的关系。其次，从个人与他人的关系上看，每个人都能获得自由全面发展的条件，人们不需要以牺牲他人利益满足自己的发展需要，因而人与人之间不存在利益矛盾，而发展为一种平等、互助、合作的良好关系，个人还能为他人的发展提供便利条件。再次，从个人与自然的关系来看，人的自由全面发展必然离不开人与自然的和谐相处，如果连最基本的良好的生存环境都不能保证，人类破坏自然，自然又施以报复，这样的条件下何谈人的发展？更毋庸说人的自由全面发展！最后，从人与人自身来看，人们能够依据自身兴趣选择自己所从事的活动，人们可以自主自由地发挥和拓展自己的才能，那么人就可以摆脱异化，真正成为自己的主人，那么人与人自身也必然是身心和谐的。人的自由全面发展在方方面面，在每一层次上皆体现了集体主义的价值追求，因此，人的自由全面发展本身就是集体主义的发展目标。

① 马克思：《资本论（纪念版）第一卷》，中共中央马克思恩格斯列宁斯大林著作编译局编译，人民出版社，2018 年，第 683 页。

二、集体主义为实现人的自由而全面发展创造充分的条件

人的自由而全面发展是一个漫长的历史过程，只有在共产主义社会才能最终实现，因此，我们必须创造充分的条件才能实现这一目标。具体来看，需要创造的条件主要包括经济基础、政治基础、文化基础、社会基础和生态基础，各种条件的创造需要漫长的历史过程，因而人的自由全面发展也不可能一蹴而就。之所以说集体主义能够促进人的自由全面发展的实现，正是因为集体主义的发展有助于创造实现这一目标的各种条件。

第一，集体主义有助于社会主义生产力的发展。生产力的提高和发展需要长期的积累，所以必须坚持大力发展生产力，不断地创造丰富的物质财富才能为人的自由全面发展提供坚实的物质后盾。社会主义市场经济兼具了社会主义和市场经济的双重优点，又规避了市场经济本身所固有的缺陷，它本身就蕴含着集体主义的思想，既能保证效率又能促进公平。集体主义能够促进我国生产力的发展，推动社会主义市场经济的健康运行，创造丰富的物质财富，因而能够为人的自由全面发展提供经济基础。

第二，集体主义有助于社会主义民主政治的建设和发展。全过程人民民主实现了过程民主和结果民主的统一，真正全链条、全过程且全方位地保障了人民民主的真实性和有效性。社会主义倡导民主法治、公平正义，是为了保障人民当家做主的权利，维护最广大人民的根本利益，使政府的权力始终在阳光下运行，全心全意为实现和维护人民的利益服务。毫无疑问，集体主义有助于推动民主政治的发展，为人的自由全面发展奠定坚实的政治基础。

第三，集体主义有助于保卫我国的文化安全，能有力地推动我国文化事业的发展繁荣，并增强我国的文化自信。集体主义文化的核心原则就是“以人为核心”，文化的发展必须要“以人为核心”。坚持为社会主义服务，就是坚持为人民服务，没有人民的智慧就没有社会主义文化的动力源泉。文化的发展和繁荣是为了促进人们全面提高科学文化素质，给人们创造更多的机会开发和挖掘自身的潜能，使人们享用丰硕的文化发展成果，拥有更丰富的个性及更加充实的精神生活。因此，集体主义可以为人的自由全面发展奠定扎实的文化根基和精神基础。

第四，集体主义有助于维护社会和谐稳定，最大限度的减少社会矛盾的发生，缓和人与人、人与社会之间的紧张关系，有力地维护和谐和睦的社会关

系，创造积极友爱、团结奋进的社会氛围，解决一系列的社会发展难题，维护我国的统一、和平和稳定，因而可以为人的自由全面发展提供良好的社会基础。个人与社会的相互依赖关系决定了人们的发展必须以社会的支持和保证为基础。人们在一个社会秩序良好，社会福利制度完善的环境中，必然能够获得更多更好更全面的发展机会。

第五，集体主义有利于人们深化对人与自然和谐共生理念的认识及共建美丽中国、美丽世界美好愿望的实现。加大环境污染的防治力度，正如习近平总书记所讲的，要像珍爱自己的眼睛一样去珍爱我们所处的自然环境，让生命共同体的理念更加深入人心。[①]维护生态平衡，共同应对生态危机，每个人都责任在身，只有坚持集体主义才能把中国人民甚至全人类的共同生态利益放在首位，为人的自由全面发展提供美丽的生态环境。集体主义不仅有助于人们处理人与他人、集体、社会、自身之间的矛盾和利益关系，也非常有助于调节人与自然之间的关系，促进我国的生态文明建设。“人与人的关系”与“人与自然的关系”之间是相互制约又是相互促进的，人与人之间的矛盾解决了也能帮助人与自然之间恢复和谐。同理，人与自然和谐相处，也必然有助于人与人、人与集体和社会之间的关系更加融洽和谐。

总之，集体主义有利于经济发展、政治民主、文化繁荣、社会和谐、生态友好，在客观上促进了人的自由全面发展的条件的形成，对人的自由全面发展这一根本目标的实现具有极大的推动作用。

① 中共中央宣传部编：《习近平新时代中国特色社会主义思想学习纲要：2023 年版》，学习出版社、人民出版社，2023 年，第 224 页。

第五章　新时代弘扬集体主义的有效途径

弘扬集体主义的首要前提是对集体主义要有一个正确的认识和深刻的理解，既要看到集体主义的现实性，清楚地认识到集体主义的层次性，也要看到集体主义的理想性价值导向。在社会主义初级阶段，必须实事求是地倡导集体主义价值观，以国家和集体利益为重，兼顾个人利益的实现，决不能堕入个人主义、享乐主义、拜金主义的陷阱。个人的价值和利益应当置于中华民族伟大复兴的整体利益之中，在追求个人利益的同时积极促进集体利益的增长。集体利益和个人利益的内在统一性决定了它们不是相互对立、此消彼长的关系，而是相互依存、相互促进的关系。只有在集体利益和个人利益发生不可调和的矛盾时，个人利益应为集体主义做出妥协或牺牲，否则失去了集体主义和集体利益，个人利益也会面临唇亡齿寒的境地。

第一节　坚持集体主义是弘扬集体主义的根本前提

一、坚持集体主义，必须旗帜鲜明地反对个人主义

集体主义最大的威胁来自个人主义。个人主义的价值诉求是非常明确的，

它不仅强调个人本身具有最高的价值，而且将个人作为一切活动的目的，并将他人、组织、社会、集体、国家等都作为个人达成目的的手段和途径。很显然，个人主义是完全从主观角度出发的，是一种典型的个人中心主义，个人与社会是相互对立的两个方面。可以说，西方的个人主义在实质上是一种经过改良和发展的“利己主义”。我们承认个人主义作为一种政治思想，它在历史上大力宣扬重视个人价值，强调民主、自由和平等，推动资本主义市场经济发展的积极意义，但是，我们也绝不能忽略个人主义极为严重的消极影响。法国著名思想家埃德加·莫兰曾指出了个人主义的极大弊端。他认为西方文明中的个人主义使得个人不仅以自我为中心，而且会造成人内心的闭锁与孤独，尤其是盲目地追求经济发展，极大地限制了人们智慧的提升，并且使人们的道德和心理愈发迟钝，在应对复杂的社会问题时束手无策甚至视而不见。总之，丢弃集体主义必然导致个人主义的严重泛滥。个人主义盛行已经给当今的资本主义社会带来了巨大的不稳定因素，而且个人主义迅速传播带来的问题也开始在社会主义国家出现，尤其是对青少年的消极的影响。西方大肆宣扬个人主义，企图达到西化、分化、甚至分裂我国的目的。但是现实总是能不言自明，资本主义国家的社会矛盾、种族冲突和民族矛盾愈演愈烈，却还想以西方的意识形态为手段维护其世界霸权，增加世界的不和平、不稳定、不平等和不公正。

随着全球化的不断深化和扩展，全世界的思想交流和文化融合进一步加快。西方国家开始变换手段企图侵蚀我国思想文化阵地。在现阶段，对我国思想道德建设破坏力最强的就是极端个人主义、拜金主义和享乐主义。倘若人们将个人私利作为人生的唯一追求，以财富多寡作为衡量个人价值和评判是非善恶的唯一标准，那么这将会给全人类的文明带来劫难。如果拥有金钱的最终目的是尽情享乐，那么享乐主义就是从人的自然本性出发，无限夸张人的生理本能，并以满足人的生理需求为人生的最高目的，这样狭隘的人生观和价值观会阻碍社会进步，这是不可取的。拜金主义和享乐主义认为人的本性就是“自私”“贪婪”“利己”的，所以拜金主义把金钱看得高于一切，把为个人赚钱或最大限度地积累财富作为人生的终极目标。同时，拥有足够多的金钱后，生活的内容和意义就在于竭尽全力地追求个人的物质享受。个人主义则将个人利益置于一切利益之上，为了最大限度实现个人利益，甚至不惜出卖组织和集体、危害社会，甚至背叛祖国。如果纵容这样的人生观和价值观侵蚀我国人民的思想和心灵，那么后果将不堪设想。现实告诫我们，任何时候丢弃集体主义思想，个人主义就会占领思想高地，人们就会坠入庸俗浅薄的深渊而不能自拔。

我们必须坚守社会主义信念，对我们的国家和人民有信心，不能因为在现实中遇到困难和挫折，就放弃社会主义的理想。哈耶克曾经从各个方面论证过代表资本主义的个人主义与社会主义水火不容、势不两立。崇尚个人主义就等于崇尚资本主义。我们绝不能任由个人主义泛滥，既要大力宣扬集体主义，还要旗帜鲜明地反对一切形式的个人主义。个人主义所宣扬的一切终究不可能脱离其资产阶级的本性，也掩盖不了它妄图在我国制造思想混乱而谋求私利的险恶用心，因而我们必须科学地大力宣扬集体主义思想和集体主义文化，让更多的人认清个人主义的腐朽本质和严重危害，多管齐下，引导人们树立正确的人生观和价值观，提高人们的信心和斗志为社会主义事业而奋斗。

二、在各个领域坚持和弘扬集体主义

集体主义不是一个简单的固定的概念，也不是一成不变的抽象词语，集体主义是生动的和有活力的，不仅有不同的阶段和层次，而且也包含着不同的领域，有着不同的内容和要求，自然也有着无形的边界和适用范围。

首先，当集体主义应用在生活领域时，它必须遵循并受到市场规则的约束，市场是追求利益最大化的，所以集体主义的核心价值是互助、合作、共赢。人是社会化的人，人离开社会交往和社会活动就失去了人的本质属性，而经济活动就是人们最为频繁的社会交往活动，在经济活动中人们之间都是彼此依存的，个人与集体是不可分隔的。社会主义经济制度是以公有制为基础的，它彻底地消除了阶级社会中人与人、人与物之间的对立矛盾关系，重视个人价值，关心个人发展，维护个人利益，把实现共同富裕作为社会主义的本质和社会发展的目标。个人利益与集体利益的内在统一性决定了我们必须推行集体主义，个人与集体之间只有通过彼此合作、相互促进才能使经济活动正常运转，最终互惠互利达到合作共赢的效果。社会主义经济制度的内在设计决定了人们在价值选择上会推崇集体主义，但是市场经济的两条铁律：等价交换和利益最大化原则，又决定了推崇集体主义不能破坏市场经济的公平与效率原则，只能通过实行互助与合作的集体主义，才能达到个人与集体的共赢。如果集体主义的应用范围被扩大到足以干预、抑制、压迫、牺牲个人利益的程度，最终必然会导致个人利益和集体利益的两败俱伤，也会严重阻碍集体主义的顺利发展。

其次，当集体主义应用在政治生活中的时候，它就会受到“政治规则和约定”的影响，此时它就被赋予了一种政治强制性和威慑力，其核心内容就变成了“社会公共价值”。人的政治生活是人参与社会公共事业的一个重要途径，因此，作为政治领域的集体主义，不仅要培养人们的政治自主性和自觉性，还要贯彻其政治强制性原则，不但要求人们自觉地遵守政治制度和政治原则，而且要使集体主义成为一种社会公共领域的价值追求。随着时代的发展，党和政府在执政思维和治国理念上也不断地加快着现代化进程，不断地推进改革和转型，越来越代表公共利益和公共价值。所以，作为政治原则的集体主义更加注重着眼长远，顾全大局，与时俱进地更新集体主义观念，强化政府的公共服务意识。集体主义必须遵循社会本位原则并将社会公共价值作为核心目标，任何集体都不得以集体主义之名对个人进行践踏和侵犯。同时，集体主义政治原则对个人也提出了严格的要求，表现在个人应当受到集体主义的约束，承担相应的政治责任和义务。个人不仅应具有集体意识和集体情感，自觉维护集体的利益和荣誉，自觉履行集体规定的义务，而且应在现实中树立爱国主义信念，自觉遵守法律法规，勇于承担公共责任。在政治活动中应履行契约精神，集体与个人各自遵照集体主义的要求规范自己的行为，超出集体主义的适用范围干涉对方的行为都是不合理的。

最后，当集体主义作为一种道德原则的时候必须强调其无私奉献及利他的核心价值。经济基础和政治基础皆是为集体主义的道德原则做铺垫的，只有在道德上的集体主义才真正体现了人的价值和尊严，在任何一个时代，人们都崇尚无私奉献的品格和精神，将之视为人类崇高的道德精神追求。集体主义的重要特征就是利他性，这是指个人为实现他人利益而主动让渡和牺牲自己的利益。尽管我们万不可将集体主义等同于利他主义，但是不能否认利他性是集体主义最直观、最基本的体现。社会主义道德不同于以往一切阶级社会的道德，它强调人类应该共生共存，团结合作、互助共赢，体现的是一种无私奉献的精神。同样，并非所有的人类行为都是从实现自身利益出发的，集体主义倡导人类的某些行为，应出于帮助他人并不求回报，这就把人类的道德行为与经济行为和政治行为区别开来，显然集体主义是人类更高层次的道德行为。集体主义道德的利他性和非盈利性原则，并不代表集体利益和社会利益有权利攫取和占有个人的正当合法利益，反而更加强调集体主义应该始终强调实现社会的公平和正义，在良好的经济制度和政治制度作为基本前提的基础上，使人们自觉地形成利他的集体主义价值选择，自觉遵守社会秩序、法律法规和道德原则。只有避免任何将集体主义作用和功能极端化的做法，人们才会自愿地维护社会利益和集体利益的实现，真正将集体主义树立成坚定不移的道德信仰。

集体主义有其使用边界，过分强调利他就会挫伤个人的积极性和主动性，一味追求个人利益又可能与利己主义牵扯不清。因此，我们必坚持用实事求是的原则，具体问题要用具体的对策来解决，决不能犯不顾发展规律而“一刀切”“一锅煮”。集体主义始终是与时俱进和动态发展着的，在不同的社会阶段要遵循客观的社会发展规律、自然的发展规律和人的发展规律，提出相应的不同层次的经济要求、政治要求、文化要求和道德要求。在社会主义初级阶段，我们不可盲目拔高集体主义的要求，不能强迫人们按照共产主义集体主义的要求来规范人们的行为。但是，承认客观现实性不代表我们就应坐享其成，更不能放弃集体主义的远大理想。共产主义是马克思主义孜孜以求的最高理想，集体主义的根本目标就是要实现人的自由全面发展，这也是共产主义的最终落脚点。归结起来，一切都是为了人的自由全面发展这个终极目标，所以任何时候人都不能放弃共产主义的远大理想。

第二节　积极弘扬集体主义的有效途径

一、建构集体主义思想的理论体系

集体主义作为社会主义和共产主义的基本道德原则，必然与马克思主义理论一样有着与时俱进的理论品格。我们理应建构新的集体主义思想的理论体系，确保集体主义思想能在新的时代要求下，彰显其理论科学性和道德先进性，更加充分地发挥其对我国社会主义事业发展的重要作用。建构集体主义的理论体系，不仅要对集体主义进行重构，而且要将它从一种价值观上升到科学的思想体系的高度，更加全面地客观地探讨其内涵和价值，并探索出集体主义在现实中的弘扬途径。

我们必须理性地看待并解读集体主义的内涵，必须结合具体的社会发展阶段提出相应层次的合理的集体主义要求，使集体主义思想更加丰满，更加接地气，更易为人民群众所接纳和贯彻。现阶段，利益主体呈多元化趋势，人们不仅接受着价值观念的多元共存，而且对自由选择的追求越发强烈。所以，必须考虑到的现实情况就是不同的利益群体或同一利益群体的不同个人，对集体主义的接受、认同、贯彻程度都是不同的。我们既要确保坚持以集体主义作为社会的主流价值观，将国家和集体的利益置于首位，这是不可动摇的基本前提，但也应在实践中具体情况具体分析，可以对道德要求进行合理的分层。我们始终积极提倡大公无私、公而忘私的精神，在必要时甚至为维护国家和集体利益而勇于做出牺牲的高层次的集体主义要求；但是，我们也要肯定基础层次的道德要求，即先公后私、公私兼顾，最低层级的集体主义要求是绝不能损公肥私或损人利己，不能有危害集体和国家利益的行为。这些不同层次的要求都是应该得到认可和尊重的。当然，我们必须旗帜鲜明地反对一切唯利是图、损人利己、见利忘义、假公济私的个人主义行为，让人民群众清楚地知道我们弘扬什么及反对什么，从而更好地指导和规范自己的行为。

集体主义的强大生命力源于时代的发展和实践的要求，因此要与时俱进地促进理论的创新发展。集体主义思想体系应突破以往只局限于思想道德领域的束缚，它不仅是社会主义的主流意识形态和社会主义道德建设的原则，而且应该在民主政治建设、经济发展、文化繁荣、社会和谐和生态环境保护方面发挥更大的作用。建构集体主义思想体系，意义重大但任务十分艰巨，需要顶层设计，实施统筹协调。集体主义有利于正确地处理人与人、人与物、人与自身的三重关系，对经济高质量发展，社会和谐稳定、社会公平正义、文化繁荣兴盛、人民生活幸福、生态良好美丽等各方面的建设有着极为重要的推动作用，而这一切的最终归旨是促进人的自由全面发展。在人类命运共同体理念日益深入人心的今天，集体主义的价值突破了国界限制和文化隔阂，以全人类的共同利益和发展作为更高层级的目标追求，这实现了集体主义内涵的新突破。

集体主义思想体系的建构必须始终坚持以中国化时代化的马克思主义理论作为理论基础和指导思想，以确保其社会主义的方向不动摇。马克思主义理论是我们正确地认识和改造世界的思想武器，是我们须臾不可离弃的精神引领。这一武器运用得好，则社会主义事业就发展得顺利，这一武器如果运用不当，则社会主义事业就会遭受挫折。坚持马克思主义理论，不仅要求我们正确地理解和处理人与社会、人与自然的两大基本关系，正确认识“虚假的集体”与

"真实的集体"的关系，科学地把握集体主义的内涵、价值、层次与目标，最重要的是要始终坚定社会主义、共产主义的理想信念不动摇。坚持毛泽东思想就是要坚持其实事求是的思想精髓，以此作为构建集体主义思想体系的指导方法，重新审视集体利益与个人利益的关系问题，对个人利益和集体利益进行合理配置，科学地保持二者的平衡与协调，以求得个人和集体的和谐统一与共同发展。坚持新时代的中国特色社会主义理论体系的指导，是因为它能够给集体主义理论体系提供经济、政治、文化、社会和生态各项文明建设的理论基础和原则框架，它也为集体主义沿着正确的科学的道路发展保驾护航。

二、更加凸显"以人为核心"的基本原则

我们强调新时代的集体主义是与传统集体主义有明显区别的，它吸取了传统集体主义的思想精华但又克服了传统集体主义的缺陷。集体主义要实现的从来不是只重集体而轻个人的发展，而是要实现集体利益和个人利益的兼顾，个人发展和社会进步的双赢。我们必须对集体主义有清晰的认识，对个人与集体及其利益关系有正确的解读，纠正对集体主义思想的误解。尤其是在人民至上的逻辑之下，弘扬集体主义应在价值层面上更加凸显"以人为核心"的基本原则，人民作为一个整体的利益要充分保障，人民这个集体当中的个体的利益和价值，也应该得到足够的重视。

遵循"以人为核心"原则，首先要解决的核心问题就是个人与集体的利益关系问题。集体主义始终强调集体利益高于个人利益，这是集体主义的基本原则，但是集体主义从来没有承认过集体利益的绝对性，更没有否认过个人利益理应得到维护和尊重的基本权利。个人与集体的利益难免出现矛盾，当无法兼顾二者时，个人利益应当主动让步以维护集体利益的实现。但是这并不代表在任何利益矛盾冲突发生的情况下，个人利益都必须让步于集体利益，如果将其解读成集体利益的绝对性就完全背弃了集体主义的初衷和目的。集体利益高于个人利益毋庸置疑，但不可以走向绝对化，更不可让少部分人假借集体利益的名义，实际上做着故意侵犯和损害个人利益的事情。我们提倡的是理性地对待集体主义，集体是作为实现个人利益的手段和途径而存在的，每个人都有权利为集体做出贡献，也同样有权利从集体中获得利益。因此，在解决利益矛盾这一问题时要立足于具体的实际情况，必须考虑并比较利益双方所处的价值层位，科学合理地做出选择和取舍。事实上，集体主义是最看重个人正当利益的

保障和实现的，因此，在弘扬集体主义的过程中，必须突显出“以人为核心”的基本价值理念。“以人为核心”并非以某个个人为核心，也不是以维护少数人为核心，实际上是以维护全体人民的根本利益为核心。

其次，在弘扬集体主义的过程中凸显“以人为核心”的原则，就是要证明弘扬集体主义本身就包含着维护个人的正当利益的要求，只有充分调动个人的积极性和创造力，才能使集体主义深入人心。集体主义的内涵必须随着时代的发展不断地创新发展，才能保障我国主流意识形态的稳固地位，才能保持我国社会主义核心价值观的与时俱进。“以人为核心”的基本原则，既肯定了个人价值和个人利益的重要地位，也为我们更好地坚持集体主义提供了一个应遵循的原则。“以人为核心”本质上就是以实现人的自由全面发展为根本目标，这是与集体主义的发展目标相一致的。因此，弘扬集体主义必须坚持“以人为核心”，将更好地维护和实现人民群众的根本利益作为出发点和最终归宿，以不断满足人民群众对美好生活的多样化多层次的需要和保障人民群众的各项权益不受侵犯为根本目标，让全体人民都能共享社会主义建设和发展的伟大成果。“以人为核心”就是要高扬人的主体性，既强调人是实现社会发展目标的主体力量，是人类历史的创造者和推动者，同时也强调一切社会活动都必须以促进人的自由全面发展为根本目的，这不仅是对马克思主义集体主义的继承和发展，也是衡量和评价社会进步的基本尺度。只有更好地维护好人民群众的根本利益，才能最大限度地调动人民的积极性和创造性，才能使集体主义的观念落到实处且深入人心，唯有如此才能更好地实现民族复兴、国家富强和人民幸福。

三、加强社会主义法制建设，保障社会公平正义

“全面依法治国是国家治理的一场深刻革命，关系党执政兴国，关系人民幸福安康，关系到党和国家长治久安。”[①] 因此，中国式现代化必须要始终在法治轨道上运行，要确保依法治国发挥好稳固根本、立足长远的重要作用。建设社会主义法治国家要围绕着民主法治、公平正义而展开，要实现集法治国家、法治社会、法治政府、守法公民的一体化贯通，全面推进国家各项工作都能够依法有序开展。集体主义在促进民主法治和社会公平正义的过程中发挥着极其重要的作用，同时民主法治、公平正义的社会氛围也有利于集体主义的良好贯

① 习近平：《高举中国特色社会主义伟大旗帜　为全面建设社会主义现代化国家而团结奋斗：在中国共产党第二十次全国代表大会上的报告》，人民出版社，2022年，第40页。

彻。在社会主义市场经济条件之下，贯彻集体主义必须首先确保人民群众利益的合法性得到认可，人民群众的合法权益和利益得到有力的保障。这一目标的实现仅仅依靠道德约束或道德自律和自觉是不可能实现的，而是必须依靠健全的制度作为其硬性保障。简言之，就是坚持自主性与制约性相结合，道德约束与制度约束并重的原则。

实现社会民主法治、公平正义不仅是建设法治国家的目标和要求，也是确保集体主义得到坚持和贯彻的重要前提，缺乏公平正义的社会根本不可能使人们自觉信仰和贯彻集体主义思想。一方面，我们强调应该充分地尊重并实现个人的正当利益，鼓励人们发扬个性、增强创造力，使整个社会充满活力；另一方面，我们在强调个性和个人利益的同时不能忽视集体利益，集体主义始终强调集体利益具有优先性，任何为一己私利而致使集体利益受损的行为都是不正当，甚至是违法的。然而，在实践中，并不是所有的人都能自觉做到将追求个人利益的权利同维护集体利益的义务相结合，因此，仅靠道德的软性约束是不可能实现的，此时就需要加强法治，建立完备的法律制度和明确的法律法规，加强宪法及各项法律的科学民主立法和依法立法，完善法律的实施和监督体系，尤其是要转变政府职能，建设法治政府，提高行政效率和政府公信力，严格并公正司法，守护好维护社会公平的最后防线。通过法律、行政、道德等多种手段一起发挥作用，既有利于个人实现经济自主、政治平等、社会公正、思想自由，为个人在集体中更好地获得利益、维护权益及为形成新型集体主义价值观创造条件；同时，也能更好地对个人在集体中履行义务的情况，对集体对个人利益的维护及个人权益的保障进行监督和评价，最终向着真实的集体前进，真正实现个人的自我价值和社会价值的和谐与统一。

为集体主义提供稳固全面的制度保障，应平衡好对个体和集体权力和权利的法律规范，以确保用正义的制度架构来保障“共同利益”的合理分配。我们必须明确一个基本前提，不论是个体价值，还是集体价值都有其合法性、合理性、必要性，追求个人正当利益并非不正当行为，我们需要做的是正确处理和协调个体利益与集体利益的矛盾问题。当这一矛盾不可避免且无法协调时，提倡以集体利益为重做出牺牲，但是集体也应该按照兼顾国家、集体、个人三者利益的原则，对个人牺牲掉的正当利益做出合理的补偿，尽量减少个人损失。因此，当务之急是完善法治，大力推进全过程人民民主的贯彻和实施，健全各项相关的法律法规，让人民群众的各项合法权益的获得都有法可依。对集体权力的规定和要求有利于减少“官本位”思想对集体的损害，有利于打击各种片面强调地方、部门等特殊团体或集团利益的行为，有利于依法维护公民的各项民主权利和合法利益。党和政府通过不断地积极转变执政理念、创新执政方式，始终坚持全心全意为人民服务的根本宗旨，按照法律和制度规定加强公民参与民主决策和民主监督的权利，有利于减少集体利益贯彻过程中的重重阻碍，使其能够在使个人利益和集体利益获得协调统一的基础上，得到最大限度的发展和弘扬。

四、重点加强对公民的集体主义教育

在进行集体主义的教育和宣传的过程中，要重点强调对两个群体的教育问题：一是对作为国家未来和民族希望的青少年，尤其是社会精英的大学生群体；二是对广大党员干部，党员干部能否发挥好积极的模范带头作用，以身作则影响和带动群众是至关重要的。

（一）重点加强大学生的集体主义教育

人才是第一资源，与教育和科技共同构成了实现中国式现代化的基础性和战略性支撑，深入实施人才强国战略成为了党的二十大提出的关键性战略举措。人才强国的关键性问题有三个：“培养什么人、怎样培养人、为谁培养人”[①]，每一个问题的回答都关乎到我们的人才战略的实施。人才的重要性不言而喻，青少年的思想政治教育的重要性更是不容忽视，应始终坚持为党育人、为国育才、汇聚天下英才而各施所长。习近平总书记关心教育，尤其关心青少年的成长成才，在教育方面又尤其重视思政课的建设，正是为了坚守社会主义的教育底色，让我们的人才真正为社会主义服务，为人民服务，而不是成为精致的利己主义者。青少年是社会最活跃的、最有创造力的群体，所以能够非常迅速和非常广泛地接触各种信息资源和社会思潮，并以此来塑造他们的世界观和价值观。同样，青少年群体充满活力、崇尚自由、标榜个性，在思想上还不够成熟，很容易受到不良思潮的影响，使他们容易被一些表面现象蒙惑或欺骗，从而极易成为敌对势力进行意识形态斗争的主要攻击目标。部分青少年和大学生受利益最大化思想的影响，自我意识膨胀，一些人动摇信仰，甚至崇

① 习近平：《习近平谈治国理政（第三卷）》，外文出版社，2020年，第328页。

尚极端个人主义和拜金享乐主义等思想，逐渐淡忘集体主义。中国共产党带领人民经过了一次次奋勇斗争才换来了今天的发展成就，我们立志于实现千秋伟业，就必须培养一批批拥有坚定的政治立场和社会主义信仰，拥护中国共产党的领导，勇于为祖国和人民的事业奋斗终身的人才。这就要求我们务必要把青少年教育好和培养好，学习科学文化知识固然重要，但是进行思想教育亦同样重要。如果不加强集体主义教育和正确引导，造成大学生越来越注重物质享受，而淡忘了艰苦奋斗、勤俭节约的优良作风，为了获取一些个人利益明争暗斗，凡事以自我为中心，鲜少考虑他人和集体的利益，甚至不惜为了保全自己而牺牲他人和集体的利益，那么必然会给国家、社会和人民带来严重的消极影响。青少年群体是祖国的希望，是中华民族振兴的主力军，对青少年进行科学的集体主义教育迫在眉睫，尤其对大学生的集体主义教育工作是重中之重。我们必须高度重视对大学生进行科学的集体主义教育，采取适于青年大学生特点的方法，竭力使集体主义贯穿于大学生学习和生活的方方面面。

首先，要避免生搬硬套教科书式的灌输，而应该注重建立良好的教育氛围和学习环境，使用学生喜爱的教育方式。在良好的学习环境和氛围之中，才有利于大学生更好地理解和领悟集体主义，受到集体主义的思想熏陶。大学可以围绕集体主义为核心开展一系列丰富多彩的校园文化活动，多开展网络宣传、教育讲座、集体文化沙龙等，以灵活多样的实践形式，适当地增加课堂外的各种实践活动，告别枯燥乏味的灌输，采取学生喜爱的途径和方式，吸引、号召并引导广大学生积极参与。[①] 让学生在活动中充分感受集体主义的精神力量，陶冶学生高尚的道德情操，自觉增强对集体主义的认同感；同时，还应使大学生认识到个人主义的危害，认识到其不可改变的阶级本质。

其次，将集体主义贯穿在思想政治教育课程之中，丰富授课内容并创新授课方式。教师应该充分利用对学生讲授思想政治教育课程的时间，积极创新教学方式，将集体主义教育恰当地融合在思想政治教育的体系之中，通过在课堂上的生动讲授，使学生认识到树立集体主义思想的重要性。教师对学生的集体

① 应该不断地从现实生活中挖掘生动实例，汲取新鲜营养，切忌“高、大、空”，宣传教育只有贴近现实贴近生活，才能真正接地气。要做到“以学生为本”，对于大学生要充分地尊重、信任、理解和关爱。不断提高大学生自我教育、自我提高的自觉性和主动性。详见牛珊珊：《关于大学生马克思主义信仰的问题与对策》，《大庆社会科学》，2013 年第 3 期，第 125 页。

主义教育，最重要的任务就是使学生把握集体主义的科学内涵，并在此基础上正确处理个人与他人、个人与社会、个人与集体的利益关系，充分理解集体主义，坚持集体利益高于个人利益。值得强调的是，教育工作者为人师长必须严格要求自己，做好学生的榜样，因为通过自身的实践对学生进行教育和引导是最为有效的方法，如果老师的言行举止尚且没有体现集体主义，何谈让学生接受和认同?

最后，必须重视对大学生的道德品质和修养的提升。[①]大学生要实现从校园向社会的过渡，这一时期形成的价值观念对整个人生都会有深刻的影响。大学不仅要学习各种知识和技能，更重要的是学会为人处世，全面提高自身的素质和修养，成为一个有益于社会的人。大学生应该在各个方面都严格要求自己，尤其是思想道德品质方面，要自觉抵御不良思想的侵害和腐蚀，树立正确的世界观、人生观和价值观，通过课堂学习、实践检验、参加公益活动等方式，认识到自身的不足并加以改正，在学习的过程中陶冶自己的情操，提高个人的思想道德水平，把握好人生的发展方向。当大学生具备了良好的思想道德素质的时候，就会有更强的学习、理解和辨别的能力，就会从主观上自觉地树立起集体主义意识和观念，将包括集体主义在内的所有道德修养都融入自己的言行举止之中，真正将集体主义教育变成大学生自身主动和自觉的学习行为。

（二）加强党员干部的集体主义教育，发挥模范带头作用

中国共产党的领导地位是历史的选择和人民的选择，党的“三个先锋队”性质决定了党的利益与人民的利益在根本上是一致的，党员干部应该充分地发挥先锋模范作用[②]，践行全心全意为人民服务的根本宗旨。但是，近年来党群关系、干群关系紧张，党员干部贪污腐化堕落的现象屡禁不止。一些党员干部生活作风不良、腐化堕落，严重缺乏集体主义观念，信奉个人主义，经常弄虚作假、损公肥私，甚至严重违法乱纪。这些不正之风在人民群众中造成了非常恶劣的影响。因此，在建立健全制度保障来对党员干部进行硬性约束的同时，还

---

① 要想真正化解马克思主义信仰危机，“知、体、悟”需统一而躬行（牛珊珊：《关于大学生马克思主义信仰的问题与对策》，《大庆社会科学》，2013 年第 3 期，第 125 页）。

② 具体是指党员干部应该在人民群众中产生积极的影响，即在生产、工作、学习和一切社会活动中，通过自己的带头和桥梁作用影响和带动周围的群众共同实现党的纲领和路线等，发挥先锋模范作用是对每一个党员的基本要求。

应从思想上解决问题，加强集体主义、爱国主义教育，抑制歪风邪气蔓延。

首先，夯实集体主义理论基础，全面提高党员干部的思想政治素质。针对部分党员干部集体主义观念淡薄，对马克思主义理论信仰动摇，对政治理论学习缺乏兴趣，不注重思想教育和思想改造的诸多问题，必须全面加强对党员干部的理论培养和教育，尤其是集体主义思想教育。只有将集体主义理论学习不断地进行深化和扩展，不断培养党员干部的集体意识，提高党员干部的理论素养，进一步提高党员干部认识、分析和解决各种党群矛盾和问题的能力，坚决反对个人主义观念，使广大党员干部学会多关心集体，多顾全大局，多体察民情，多凝聚人心，才能与人民真正建立密切的关系。

其次，正确树立道德风尚，积极营造健康的社会环境。一些消极的现象和不良行为，如个人主义、利己主义、以权谋私、拜金主义、迷信算卦等有害思想对人们的影响非常严重，尤其对掌握着一定权力的一些领导来说更有杀伤力和诱惑力，使个别人极容易利用职务之便谋取个人私利，从而危害集体和人民的利益。绝不能放任党员干部腐化堕落、随心所欲、违法乱纪，因此应该在全社会积极倡导高尚的道德风尚，形成优良的道德氛围，营造强大的社会舆论压力和舆论监督。我们既要正面宣传集体主义、社会主义的科学价值和积极影响，也要大力宣传各种不良思想的危害和本质，在双管齐下的作用下，让广大党员干部清楚地划清是非、善恶、好坏的界限，让广大党员干部明白应该提倡什么和反对什么，在加强理论素养的同时，树立正确的家庭道德、职业道德和社会公德。

最后，健全和完善学习制度。很多党员干部之间因缺乏沟通交流和相互学习的机会，难以在整体上培养起高涨的学习热情。所以，必须拓宽多种多样的学习渠道、丰富教育形式，让各级党员干部真正从实践中体验和学习集体主义，自觉践行集体主义的根本要求。此外，要依据具体问题进行区别对待，对那些意志坚定的领导干部要积极进行鼓励和嘉奖，树立标杆和典型并予以推广和宣传；对那些轻度动摇的领导干部要重点关注，尤其是对年轻的领导干部更应该组织好集体主义的培训和教育，积极引导和培养，防患于未然，开展集体主义活动；对于那些情节比较严重的违法乱纪者要严惩不贷、绝不姑息，但是也要给他们接受改造和教育的机会。总而言之，党员干部是保持党和人民利益一致的纽带，发挥着重要的血肉联系作用，只有抓好各级党员干部的集体主义教育工作，才能使弘扬集体主义形成辐射效应，取得良好的效果。

五、重视网络与数字新媒体的广泛应用

互联网已经成为意识形态工作的主战场和最前沿阵地，弘扬集体主义并做好意识形态工作，必须依据形势变化而变化。既然互联网已成为年轻人获取信息的主要途径，那么网络舆论对人们思想观念的影响力就比以往任何时候都更大。宣扬集体主义重在教育和传播，良好的教育和积极有效的传播工作是巩固社会主义与集体主义主流意识形态的重中之重。教育和传播要面向全体社会成员，尤其要重点加强对年轻一代的思想教育。不断寻求对人们影响力最大、最普遍的传播方式，才能真正渗透到生活的方方面面，起到良好的教育效果。毫无疑问，网络与数字新媒体已经成为意识形态领域的主阵地，其传播速度之快、范围之广、影响之大是传统媒体所不可企及的。国内外敌对势力企图对我国实行西化、分化、丑化、颠覆等图谋，多是以新媒体为平台进行推进和施加影响的。可以说，意识形态领域的安全问题与新媒体的传播有着密不可分的联系。

网络与数字新媒体带领人类步入数字时代后，我们必须深刻地认识到其对人们的物质和精神生活造成的巨大影响。我们应以更加开放和自信的姿态，面对新媒体与意识形态安全之间的关系，密切关注并积极利用新媒体以维护社会主义、集体主义的主流意识形态安全，采取相应的抵御策略和防护手段，加强对舆论斗争的主导力建设和对互联网建设的管理、监督和应用，全面系统地推进互联网内容的建设和升级，弘扬正气并唱响主旋律，推动互联网释放最大最强的正能量。

加强新媒体的广泛应用已成为当前弘扬集体主义的必然路径。首先，我们必须深入挖掘集体主义的思想内涵，始终确保集体主义的主流意识形态地位的稳固。要努力建立一系列既有吸引力又具有坚定的政治立场和正确思想信仰的宣传教育网站，积极宣传科学理论，弘扬社会正气，使国家和政府的各项信息更加公开化、透明化，从而指导人们辨别是非曲直，树立正确的价值观念，自觉增强对集体主义的认同感。其次，政府应主导建立科学、规范、健全的网络体系，改变过去单一的传播方式，在坚持行政、法律、技术、审查等硬性手段对网络环境进行监管和净化的前提下，要最大限度依靠提升集体主义的号召力和吸引力凝聚人心。最后，研究分析新媒体的传播发展的方法和规律，在理论

宣传与实际生活之间寻找平衡点和结合点，通过能让群众通俗易懂、喜闻乐见的方式，宣传集体主义积极向上的观念和精神，让人们在潜移默化中愉快地接受思想熏陶，充分利用新媒体的重大影响力，增强人们对集体主义的认同感，增强民族的凝聚力，自觉抵制西方敌对势力的渗透。

网络将世界各地连成了一个密切相关的整体，任何人都更加依赖于世界这一整体，信息社会中任何人都不可能完全封闭孤立地存在。互联网每时每刻都在不断更新，包含着海量的信息，覆盖到世界各地，也使得人们有机会真正实现了实时互动。但是互联网上的信息良莠不齐、鱼龙混杂，人们有时很难鉴别其真假善恶，很容易被心怀不轨的人利用、欺骗和蛊惑，所以新媒体的复杂性和双向性特点不可忽视。早就有学者研究认为媒体对人的思想观念会产生非常直接的、深刻的、甚至是具有决定性的影响。谁能掌握网络宣传和思想舆论的制高点，谁就能够牢牢把握意识形态斗争的主导权，正因如此，世界各国才会加紧互联网的建设和完善工作，增强其主流意识形态的吸引力、认同感和影响力。西方发达国家同样极其重视意识形态的建设和推广，以美国为首的发达国家几乎对网络信息资源有着绝对的控制权，他们凭借其技术和资源优势，通过网络平台进行西方个人主义文化的对外灌输和渗透。正因为网络与数字新媒体已经渗透到我国人民生活的各种领域、各个方面，所以更应该加强对新媒体的监督和管理，扩展网络舆论的宣传广度和深度、创新网络宣传内容和方式。要重视用习近平新时代中国特色社会主义思想来团结、凝聚亿万网民，发展积极向上的网络文化。要建立健全网络综合治理体系，对网络突发事件及时有效进行应对，发挥集体主义的引导作用，共同守护好亿万网民共同的精神家园。

结语

对集体主义的研究由来已久，单纯地从政治、哲学、道德、文化等任何一个角度，都不能全面科学地概括集体主义的本真内涵。集体主义作为一种思想道德规范而被广大人民普遍认识，但是随着时代的发展和人们思想的进步，它已经渗透到政治生活、经济发展、社会建设、文化传承、环境保护和国际交流合作的方方面面，尤其是人类命运共同体理念更是赋予了集体主义世界意义。随着中国的综合国力和国际地位的不断上升，中国在国际合作和国际治理方面的贡献得到越来越多国家的认可和赞同，西方发达国家却因此加紧了对我国主流意识形态的冲击和挑战，敌对势力始终企图通过意识形态渗透、文化侵略等较为隐蔽的方式来动摇我们的思想阵地。集体主义曾在历史上发挥过重要的凝心聚力的作用，但也要对传统集体主义在实践中出现过的失误进行反思和总结。过分抬高扩展集体主义使其成为变成包罗万象的万花筒，或者丢弃集体主义，或将其混淆成其他的概念，都是不正确且不可取的态度。只有遵循实事求是的基本原则，通过与时俱进地进行理论创新，不断丰富和发展集体主义的深刻内涵，才能真正弘扬集体主义，使之在新时代更充分地发挥引领作用。

本书探索了集体主义发展的历史，对不同发展阶段的集体主义的类型进行了简要的梳理。通过对集体主义的历史渊源的探索，尤其是对马克思主义经典作家的集体思想的把握，对集体主义在中国丰富和发展的历程进行了较为全面的概括和总结。通过对集权主义、整体主义、小团体主义等一些列概念进行辨析，划清了集体主义与这些易混淆概念的界限。将集体主义置于人类命运共同体视域下，探究集体主义的新发展和时代价值。在此基础之上，结合当前的国际国内发展趋势和发展要求，克服了以往单纯地在某一个视域内探索集体主义的缺陷，提出了集体主义与时俱进的新内涵，强调集体主义具有丰富的面相，明确了当前仍需全面深化对集体主义的认识的必要性和重要性，尤其在与个人主义的对立和斗争中，更加需要对人们产生正确的积极的影响，从而使人们能够自觉辨别是非曲直，客观科学地看待集体主义的内涵和外延。

本书的核心部分是阐释集体主义在当代具有非常重要的价值和意义。集体主义有利于维护我国意识形态安全，意识形态安全的重要性不容忽视，如果不能抓好意识形态工作，将会对整个社会的稳定和发展带来极大的挑战。集体主义能够保障社会主义市场经济平稳健康发展，集中地体现社会主义制度的优越性。集体主义不仅对传统文化起到了良好的传承和守护作用，而且能够有力地促进我国现代文化的繁荣。在当代，集体主义对维护社会的稳定和谐，尤其对解决复杂的社会问题，增强民族团结，凝聚全国人民力量的意义十分重大。人类命运共同体理念是对新时代集体主义的进一步丰富，尤其是生态集体主义对我国的生态文明建设及对世界各国紧密合作共同应对生态危机有着极为重要的指导意义。集体主义的最终落脚点是人的自由全面发展，这是将集体主义置于全人类的共同利益的基础上进行拓展，也是集体由虚幻走向真实的必由之路。

对于集体主义的当代价值，本书也只是从几个重要方面进行了阐释，还有待进一步全面深刻地进行研究和探索，许多重要的观点和内容可以在后续的研究中进一步发掘和整理。对于本书有疏漏、遗忘或不准确的地方，还需更加细致严谨地修改。对于容易与集体主义相混淆的一些概念和社会思潮，本书也仅是简要浅显地进行了梳理和辨析，由于时间和个人能力有限，有待于日后在掌握更加丰富的材料的基础上进一步细化。随着集体主义和个人主义在相互斗争和相互借鉴中发展，集体主义也需要把握时代发展要求坚持与时俱进，积极地吸收借鉴其他有益思想的精髓。即便对个人主义，也不可一概而论地加以否定，个人主义之所以能有如此悠久的历史且在如今还富有生命活力，就证明它的存在必然具有一定的合理性，对其科学的合理的内容也可以适当予以借鉴。对于借鉴个人主义的合理之处，本书并未详细阐释，还有很大的研究余地。大力弘扬集体主义，自觉抵御不良思潮的侵袭和危害是一项紧迫而又艰巨的任务，本书从不同的角度和层次提出了相应的途径和对策，但是在理论与实践相连接的问题上，还有待于进一步扩展和提升。如何使之真正付诸实践，在社会生活中产生切实的作用和效果，都是值得研究和探索的问题。对于本书的疏漏和不严谨之处，敬请各位专家、学者批评指正、不吝赐教。

参考文献

M. 卢瑟福，1999. 经济学中的制度：老制度经济学和新制度经济学 [M] . 陈建波，郁仲莉，译 . 北京：中国社会科学出版社 .

阿列克西·德·托克维尔，2019. 论美国的民主 [M]. 曹冬雪，译 . 南京：译林出版社 .

陈曙光，2022. 人类命运共同体与“真正的共同体”关系再辨 [J]. 马克思主义与现实（1）：33-40+203.

程广丽， 2003.“新集体主义”对“个人”与“集体”的关系诠释 [J]. 山东理工大学学报（社会科学版），19（6）：53-56.

丹尼尔·贝尔，1989. 资本主义文化矛盾 [M]. 赵一凡，蒲隆、任晓晋，译 . 北京：生活·读书·新知三联书店 .

邓小平，1993. 邓小平文选 第三卷 [M]. 北京：人民出版社 .

樊石虎，何健强，2001. 试论毛泽东的集体主义思想 [J]. 华北电力大学学报（社会科学版），（3）：7-10.

高聪，王明春，2022. 浅谈集体主义与构建人类命运共同体 [J]. 湖北经济学院学报（人文社会科学版），19（7）：18-24.

耿步健，2012. 集体主义的嬗变和重构 [M] . 南京：南京大学出版社 .

哈耶克，1997. 通往奴役之路 [M] . 王明毅，等译 . 北京：中国社会科学出版社 .

罗国杰，1989. 伦理学 [M]. 北京：人民出版社 .

马克思，恩格斯，2018. 德意志意识形态（节选本）[M]. 中共中央马克思恩格斯列宁斯大林著作编译局，编译 . 北京：人民出版社 .

孟浩明，2005. 我国社会转型期主流意识形态建设问题 [J]. 科学社会主义（4）：57-60.

钱宁，2007. 社会正义、公民权利和集体主义：论社会福利的政治与道德基础 [M]. 北京：社会科学文献出版社 .

桑德尔，2001. 自由主义与正义的局限 [M]. 万俊人，唐文明，张之峰，等译 . 南京：译林出版社 .

邵士庆，2006. 当代集体主义内涵的厘定 [J]. 玉溪师范学院学报（5）：18-23.

王岩，2004. 整合・超越：市场经济视域中的集体主义 [M]. 北京：中国人民大学出版社 .

王岩、郑易平，2004. 当代中国市场经济条件下价值观变迁与新型集体主义建构 [J]. 马克思主义与现实（3）：114-118.

韦东，2015. 比较与争锋：集体主义与个人主义的理论、问题与实践 [M]. 北京：中国人民大学出版社 .

伍万云，2012. 当代集体主义价值观的历史反思和现实重构 [J]. 科学社会主义（4）：60-63.

习近平，2020. 习近平谈治国理政 . 第三卷 [M]. 北京：外文出版社 .

习近平，2022. 高举中国特色社会主义伟大旗帜 为全面建设社会主义现代化国家而团结奋斗：在中国共产党第二十次全国代表大会上的报告 [M]. 北京：人民出版社 .

徐永平，2009. 社会集体主义初探 [J]. 内蒙古民族大学学报（社会科学版），35（4）：83-88.

中共中央马克思恩格斯列宁斯大林著作编译局，2012. 列宁选集 . 第二卷 [M]. 北京：人民出版社 .

中共中央马克思恩格斯列宁斯大林著作编译局，2012. 马克思恩格斯选集 . 第三卷 [M]. 北京：人民出版社 .

中共中央马克思恩格斯列宁斯大林著作编译局，2012. 马克思恩格斯选集 . 第四卷 [M]. 北京：人民出版社 .

中共中央马克思恩格斯列宁斯大林著作编译局，2012. 马克思恩格斯选集 . 第一卷 [M]. 北京：人民出版社 .

中共中央马克思恩格斯列宁斯大林著作编译局，2018. 资本论（纪念版）. 第一卷 [M]. 北京：人民出版社 .

中共中央马克思恩格斯列宁斯大林著作编译局，2009. 马克思恩格斯文集 . 第一卷 [M]. 北京：人民出版社 .

中共中央文献研究室，1999. 毛泽东文集 . 第 6 卷 [M]. 北京：人民出版社 .

中共中央文献研究室，2008. 十六大以来重要文献选编（下）[M]. 北京：中央文献出版社 .

中共中央宣传部，2018. 习近平新时代中国特色社会主义思想三十讲 [M]. 北京：学习出版社 .

致谢

本书初写于博士研究生在读期间，作为我的毕业论文为我二十余载的求学生涯划上了一个完美的句号。回首过去，万千思绪涌上心头，各种喜悦与落寞之感夹杂其中。曾经在人民大学校园求学的美好记忆，犹如一壶老酒，只待岁月的沉淀越久越香醇。寥寥数语虽不足以表达我全部的感情，我仍希望在此向我人生中的每一位良师益友献上我最诚挚的谢意。

我最想感谢悉心教导和培养我的恩师徐志宏教授，从我硕士入学起，恩师就对我既严格要求又关爱有加，在学习、生活和工作上都给予我重要的指导和帮助，尤其是完成硕、博毕业论文的全过程中，恩师投入了大量的心血和精力，让我逐渐拨云见日、柳暗花明。恩师严谨细致的学术风范、和蔼可亲的形象、乐观豁达的生活态度无不潜移默化地影响着每一个学生。徐志宏教授不仅是我的学术导师，也是我的人生导师。我从导师身上学到的为人处事的道理和在学术上取得的进步是同样重要的。

其次，我要感谢在我求学和在华电工作期间所有热心的老师、同学，领导和同事。是他们的陪伴、支持与鼓励，让我在学习、工作和生活中更加积极、成熟和稳重。同时，我要特别感谢我的父母和家人。感谢他们多年以来对我的照顾、理解和无私付出。父母含辛茹苦却始终坚定地支持我完成学业，家人的鼓励、支持和关爱是我不懈奋斗的动力。

最后，感谢我的爱人黄文涛先生。我们从相识相知相爱到步入婚姻殿堂到成为两个孩子的父母，十年来携手同行，既是伴侣也是挚友。我们用七年时间行万里路，去世界各地求知和探索，最后追随着内心的召唤回到了北京。看尽繁华，才发现平凡生活里既有星辰大海，也有诗和远方。

谨以此论文献给我所有的挚友亲朋，祝愿每一个人都能幸福快乐，得偿所愿!

牛珊珊

2024 年 8 月 2 日